全国高职高专教育"十三五"规划教材

计算机应用基础学习指导

（第二版）

李长雅　陈　玫　刘银河　主　编

梁慧君　劳甄妮　李海林　甘　可　副主编

中国铁道出版社有限公司

CHINA RAILWAY PUBLISHING HOUSE CO., LTD.

内 容 简 介

本书是李长雅、陈玫主编的《计算机应用基础（Windows 7+Office 2010）（第二版）》的配套教材，以掌握计算机应用的基本技能为目的，实训内容循序渐进，操作性强，与课程教学内容相辅相成。

本书主要内容包括 3 部分：第一部分为配合课程学习而设计的 22 个实训；第二部分为涵盖主教材各章大部分知识点的理论习题及参考答案；第三部分为操作练习题，分为 Windows、Word、Excel、PowerPoint 基础操作题和操作考试样题，方便学生对自身计算机基础知识和应用能力进行学习与自测。

本书适合作为高等职业教育计算机基础课程的配套教材，也可作为计算机爱好者的辅导用书。

图书在版编目（CIP）数据

计算机应用基础学习指导/李长雅, 陈玫, 刘银河主编. —2 版. —北京：
中国铁道出版社有限公司，2019.8（2020.9 重印）
全国高职高专教育"十三五"规划教材
ISBN 978-7-113-26117-7

Ⅰ.①计⋯ Ⅱ.①李⋯ ②陈⋯ ③刘⋯ Ⅲ.①电子计算机-高等职业教育-教学参考资料 Ⅳ.①TP3

中国版本图书馆 CIP 数据核字(2019)第 162141 号

书　　　名：计算机应用基础学习指导（第二版）
作　　　者：李长雅　陈　玫　刘银河

策　　划：王春霞　尹　鹏　　　　　　　　编辑部电话：010-63551006
责任编辑：王春霞　徐盼欣
封面设计：刘　颖
责任校对：张玉华
责任印制：樊启鹏

出版发行：中国铁道出版社有限公司（100054，北京市西城区右安门西街 8 号）
网　　址：http://www.tdpress.com/51eds/
印　　刷：三河市宏盛印务有限公司
版　　次：2014 年 2 月第 1 版　2019 年 8 月第 2 版　2020 年 9 月第 4 次印刷
开　　本：850 mm×1 168 mm　1/16　印张：9　字数：214 千
书　　号：ISBN 978-7-113-26117-7
定　　价：26.00 元

前言（第二版）

　　"计算机应用基础"作为高校计算机的入门教育课程，在整个大学生培养体系中有着不可低估的重要作用，是培养综合型、复合型创新人才的重要组成部分。本书是《计算机应用基础 (Windows 7+Office 2010)》（第二版）（李长雅、陈玫主编）的配套指导书。

　　本书的编写注重培养学生计算思维能力，科学设计模块化的实训教学内容，形成合理的知识体系和稳定的知识结构。本书习题和实训内容是经过编者精心整理和组织的，具有一定的代表性，学生通过学习，可以巩固和加强计算机基础知识和操作技能，为非计算机专业学生完成计算机应用基础学习提供方便。

　　本书以 Windows 7 操作系统为平台，以 Microsoft Office 2010 为教学软件，内容全面、由浅入深，同时密切结合计算机技术的最新发展，可满足不同基础学生的学习需求。书中的实训分为单个知识点实训和综合知识点实训，既相对独立，又相互联系，实训练习内容循序渐进，学生通过若干个实训的实践过程可以建立起系统的概念，达到知识的融会贯通，从而为今后的学习、生活和工作做好知识和技能的储备。

　　本书是在第一版的基础上，经过几年使用后做了一些调整而出的第二版。本次改版，根据医药专业的特点及岗位需求，删除了第一版中的继续教育等习题部分，更新了实训和操作练习题部分，本书分为实训、理论习题及参考答案、操作练习题三部分。

　　实训部分涵盖了主教材涉及的绝大部分操作性知识点和主教材尚未收录但在实际应用中比较常见的相关操作技能知识点，旨在使学生通过实训操作环节，快速掌握办公自动化应用技术，并能灵活运用计算机技能解决学习和生活中的实际问题。

　　理论习题及参考答案部分涵盖了主教材各章大部分知识点。

　　操作练习题部分分为 Windows、Word、Excel、PowerPoint 基础操作题和操作考试样题，方便学生对自身计算机基础知识和应用能力进行自测。

　　参与本书编写工作的都是从事计算机基础教育多年且经验丰富的一线教师。本书由李长雅、陈玫、刘银河任主编，梁慧君、劳甄妮、李海林、甘可任副主编。参与本书编写工作的还有何志慧、农丽丽、吴年利、黄志萍、邓湘玲等老师，全书由李长雅统稿。梁彩群、罗蔓对本书的编写给予了大力支持，对此深表感谢！

由于时间仓促，加之编者水平有限，书中难免存在不足和疏漏之处，希望专家和广大读者不吝赐教。

编　者

2019 年 6 月

目 录

第一部分　实　　　训

1.1　计算机基础实训

实训 1　英文输入练习

一、实训目标

（1）练习键盘的使用。

（2）认识键盘上的英文半角符号并熟悉它们的位置。

二、实训内容

（1）打开"C:\实训\输入练习\英文.xlsx"，在指定的位置输入键盘上的 95 个符号。

① 按 A～Z 顺序输入英文大写字母。

② 按 a～z 顺序输入英文小写字母。

③ 输入 10 个数字。

④ 输入 8 个英文标点符号，如表 1-1 所示。

表 1-1　英文标点符号

标点符号	逗号 ，	句号 ．	分号 ；	冒号 ：	问号 ？	感叹号 ！	单引号 ' '	双引号 " "

⑤ 输入 14 个运算符号，如表 1-2 所示。

表 1-2　运算符号

运算符号	加号 +	减号 -	乘号 *	除号 /	等于 =	小于 <	大于 >
	左小括号 (	右小括号)	左中括号 [	右中括号]	左大括号 {	右大括号 }	插入号 ^

⑥ 输入 11 个其他英文符号，如表 1-3 所示。

表 1-3　其他英文符号

其他符号	反引号 `	波浪符 ~	地址符 @	数字符号 #	美元符 $	百分号 %
	和号 &	下画线 _	反斜杠 \	竖线 |	空格	

（2）打开"C:\实训\输入练习\英文小句.xlsx"，在指定的位置输入如下句子：

① Cherish your health: If it is good, preserve it.

② I will take my "luck" as it comes.

③ I'm an energetic, fashion-minded person.

④ Business is business, isn't it?

⑤ Proper preparation solves 80% of life's problems.

⑥ Those who turn back never reach the summit!

⑦ Web address: http://www.gxwzy.com.cn.

实训 2 中文及特殊符号输入练习

一、实训目标

（1）熟悉中英文输入法的切换方法和不同输入法之间的切换方法。

（2）掌握中文标点符号的输入。

（3）熟练使用软键盘，实现特殊符号的输入。

二、实训内容

（1）打开"C:\实训\输入练习\中文.xlsx"，切换当前输入法为汉字输入状态，利用键盘在指定的位置输入如下符号：

① 全角大写字母 A～Z，注意与实训 1 中的大写字母区别。

② 全角小写字母 a～z，注意与实训 1 中的小写字母区别。

③ 中文标点符号 10 个，如表 1–4 所示。

表 1-4 中文标点符号

中文 标点符号	句号	顿号	单引号	双引号	省略号
	。	、	' '	" "	……
	破折号	间隔号	左书名号	右书名号	人民币符号
	——	·	《	》	￥

（2）打开"C:\实训\输入练习\特殊.xlsx"，切换汉字输入法并打开软键盘，在指定的位置输入表 1–5 所示的特殊符号。

表 1-5 特殊符号

标点	【	】	『	‖	ˇ
序号	Ⅷ	⑤	㈧	1.	⒆
数学符号	±	≥	≈	∵	∠
中文数字符号	℃	‰	°	○	¤
特殊符号	№	♂	→	★	§
拼音	ā	ó	ě	ì	ü
其他	γ	Ω	あ	ポ	ㄓ

（3）打开"C:\实训\输入练习\综合.xlsx"，完成如下内容的输入：

① 任意选择一种输入法输入下面的文字及符号。要求区分半/全角、大小写、中英文标点等。

> 壹专家说：∵二进制，∴1+1=10；
>
> （二）快速转换中英文输入法的键盘组合键是 Ctrl+ ␣ ？YES
>
> Ⅲ 24×24 点阵中，存储一个符号的容量≡72 B！

4.我需要自学§1.5～§1.8节々……

（5）I need to save my homework after finish it，存放路径是：E:\□□□（学号姓名）。

② 找出下面文字中所包含的药名，并在文档指定的位置输入：

红娘子，叹一声，受尽了槟榔的气。你有远志做了随风子，不想当归是何时，续断再得甜如蜜。金银花都费尽了，相思病没药医，待他有日的茴香也，我就把玄胡索儿缚住了你！

实 训 报 告

班别： 姓名： 学号：

实训名称	中、英文输入练习
实训目标	认识键盘上的符号并熟悉它们的位置，熟悉一种中文输入法的使用。
实训时间	_____年_____月_____日　　　　星期_____ 第_____节
实训小结	1. 快速实现中英文输入法切换的组合键是_____。 2. 半角符号和全角符号的区别是_____，汉字属于_____角符号。 3. 键盘上有_____个英文标点符号。 4. 以下的中文符号可以通过键盘上的哪个键实现直接输入。 顿号_____　省略号_____　书名号_____　间隔号_____ 5. 汉字输入法的状态条给用户提供了以下类型的特殊符号： _____、_____、_____、_____、_____、 _____、_____、_____、_____、 _____、_____。 6. 我的心得体会_____ _____ _____ _____ _____ _____ _____ _____ _____ _____。

1.2 Windows 7 操作系统实训

实训 3 Windows 7 的基本操作以及附件的使用

一、实训目标

（1）练习鼠标的使用。

（2）学习如何个性化设置桌面、屏幕保护程序、窗口样式、分辨率及任务栏等。

（3）学习窗口的基本操作及对话框的使用。

（4）了解"控制面板"和"附件"的基本使用方法，能够设置常用的系统属性。

（5）掌握快捷方式的创建方法。

（6）掌握压缩软件的使用。

（7）掌握屏幕复制的方法。

二、实训内容

1. 知识点分类练习

（1）鼠标的基本操作：指向桌面上的"计算机"，分别单击、右击、双击，观察有何不同，并拖动"计算机"图标至所有图标末尾。

（2）操作对象的选择：同时选中桌面上的"计算机""回收站""网络"图标，观察选中后图标的变化。

（3）桌面操作（图标排列，更改背景、屏保及其他属性的设置等）：

① 排列桌面图标：分别按照"名称""大小""项目类型""修改日期""自动排列"等方式来进行排列桌面图标，并观察桌面图标的变化；利用右键快捷菜单，把桌面上的图标和文字设置为大图标显示。

② 选择右键快捷菜单中的"个性化"命令，打开"个性化"窗口，更改桌面背景、屏幕保护程序及窗口颜色等，对比设置前后桌面的变化。

（4）任务栏操作（移动、改变大小、系统时间设置等）：移动、隐藏、锁定任务栏，改变任务栏的大小，调整系统时间为 2019 年 10 月 1 日星期一 14:20:30。

（5）窗口操作（文件夹的显示方式与窗口排列等）：

① 在窗口中按照"名称""大小""类型""修改日期"等方式排列内容。

② 按照"列表""平铺""内容""详细信息"等方式查看文件或文件夹。

③ 打开多个窗口，调整窗口大小、位置和叠放次序，观察"层叠窗口""堆叠显示窗口""并排显示窗口"命令执行后有何不同。

（6）对话框的操作：包括选项卡、列表框、下拉列表框、命令按钮、文本框、数值框、单选按钮和复选框的使用。

（7）附件：打开"开始"菜单，选择"所有程序"→"附件"命令，启动"画图""写字板""记事本""截图工具"等工具。

（8）控制面板：打开"开始"菜单，选择"控制面板"命令，启动"鼠标""系统"等属性设置。

（9）快捷方式：在桌面创建指向"记事本"程序的快捷方式。（"记事本"程序原始位置：C:\Windows\System32\notepad.exe）

（10）压缩软件的使用：右击"C:\实训"文件夹，在弹出的快捷菜单中选择"添加到压缩文件"命令。

（11）屏幕和窗口的复制：使用【Print Screen】键复制整个桌面，至"画图"程序中粘贴，使用【Alt+Print Screen】组合键复制"控制面板"窗口至"写字板"程序中粘贴。

2. 知识点综合练习

（1）在 E 盘创建名为□□□的文件夹。（□□□表示学生学号后三位）

（2）启动记事本，输入内容"姓名学号后三位"，并以"留言簿.txt"为文件名保存到 E 盘□□□文件夹中。

（3）启动画图，画一个填充色为红色的矩形，并以"红矩形.png"为文件名保存到 E 盘□□□文件夹中。

（4）设置桌面背景，启动写字板，将当前桌面截图，在写字板中粘贴，并以"桌面.rtf"为文件名保存到 E 盘□□□文件夹中。

（5）将□□□文件夹中的所有文件压缩成"练习.rar"，保存在同一文件夹里。

（6）提交□□□文件夹。

实 训 报 告

班别：　　　　　姓名：　　　　学号：

实训名称	**Windows 7 的基本操作以及附件的使用**
实训目标	熟悉个性化设置桌面、窗口、话框以及附件的基本操作
实训时间	_____年_____月_____日　　　　星期_____第_____节
实训小结	1. 在 Windows 7 中，为了个性化设置计算机，可以_____击桌面空白处，然后在弹出的快捷菜单中选择_____命令。 2. 桌面是 Windows 7 面向用户的第_____界面，也是放置系统_____和软件资源（均以图标形式出现）的平台。 3. 排列桌面上的图标对象是用鼠标_____键单击桌面，在弹出的快捷菜单中选择_____命令中的相应命令即可。 4. 用鼠标单击应用程序窗口的_____按钮时，将导致应用程序运行_____，其任务按钮也从任务栏上消失；用鼠标单击应用程序窗口的_____按钮时，其窗口扩大到_____桌面，此时"最大化"按钮变成"向下还原"按钮；用鼠标单击应用程序窗口的_____按钮时，其窗口会显示成为任务栏中的_____按钮。 5. 用 Windows 7 的"记事本"所创建文件的默认扩展名是_____。 6. 在 Windows 7 中，若将当前窗口存入剪贴板中，可以按（　　　）键。 　　A.【Alt+PrintScreen】　　　　　　B.【PrintScreen】 　　C.【Ctrl+PrintScreen】　　　　　　D.【Shift+PrintScreen】 7. 在 Windows 7 中，用"创建快捷方式"创建的图标（　　　）。 　　A. 可以是任何文件或文件夹　　B. 只能是可执行程序或程序组 　　C. 只能是单个文件　　　　　　D. 只能是程序文件和文档文件 8. 以下选项中，不是"附件"菜单中应用程序的是（　　　）。 　　A. 写字板和记事本　　B. 录音机　　C. 便笺　　D. 回收站 9. 快捷方式和文件本身的关系是（　　　）。 　　A. 没有明显的关系 　　B. 快捷方式是文件的备份

	C. 快捷方式其实就是文件本身
	D. 快捷方式与文件原位置建立了一个链接关系
	10. 我的心得体会 ＿＿＿＿＿＿＿＿＿＿＿＿＿＿＿＿
	＿＿＿＿＿＿＿＿＿＿＿＿＿＿＿＿＿＿＿＿＿＿
	＿＿＿＿＿＿＿＿＿＿＿＿＿＿＿＿＿＿＿＿＿＿
	＿＿＿＿＿＿＿＿＿＿＿＿＿＿＿＿＿＿＿＿＿＿
	＿＿＿＿＿＿＿＿＿＿＿＿＿＿＿＿＿＿＿＿＿＿
	＿＿＿＿＿＿＿＿＿＿＿＿＿＿＿＿＿＿＿＿＿＿
	＿＿＿＿＿＿＿＿＿＿＿＿＿＿＿＿＿＿＿＿＿＿
实训小结	＿＿＿＿＿＿＿＿＿＿＿＿＿＿＿＿＿＿＿＿＿＿
	＿＿＿＿＿＿＿＿＿＿＿＿＿＿＿＿＿＿＿＿＿＿
	＿＿＿＿＿＿＿＿＿＿＿＿＿＿＿＿＿＿＿＿＿＿
	＿＿＿＿＿＿＿＿＿＿＿＿＿＿＿＿＿＿＿＿＿＿
	＿＿＿＿＿＿＿＿＿＿＿＿＿＿＿＿＿＿＿＿＿＿
	＿＿＿＿＿＿＿＿＿＿＿＿＿＿＿＿＿＿＿＿＿＿
	＿＿＿＿＿＿＿＿＿＿＿＿＿＿＿＿＿＿＿＿＿＿
	＿＿＿＿＿＿＿＿＿＿＿＿＿＿＿＿＿＿＿＿＿。

实训 4　文件和文件夹管理

一、实训目标

（1）了解"计算机"和"资源管理器"的操作界面和组织结构。

（2）掌握文件和文件夹的基本操作。

（3）掌握文件夹选项的使用。

二、实训内容

1. 知识点分类练习

（1）计算机和资源管理器：打开计算机窗口或启动资源管理器，观察窗口的导航窗格、文件内容窗格以及地址栏，单击小三角按钮，了解其作用；观察磁盘树形结构，练习对其进行展开和收起的操作。

（2）路径：

① 根据图 1–1 写出文件"值班表.xlsx"的路径。

图 1–1　文件路径

② 根据图 1–2 所示的文件树形结构图，在 E 盘创建文件和文件夹（图中的方框表示文件夹）。

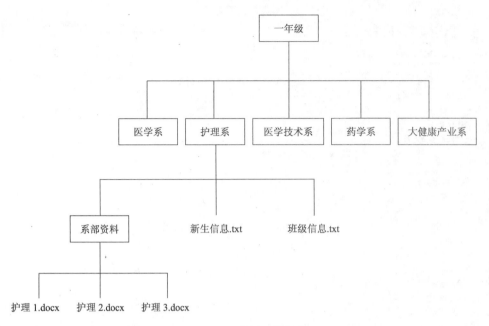

图 1-2 文件树形结构图

（3）文件和文件夹的操作（新建、移动、复制、重命名、删除、更改属性）：选择文件夹"一年级"并右击，查看快捷菜单中的"剪切""复制""重命名""删除""属性"等命令。

（4）文件夹选项：在窗口中设置显示所有的文件（包括隐藏文件）及已知文件类型的扩展名，并在地址栏中显示完整路径。（请留心观察设置前后的差别）

（5）搜索：搜索"C:\实训\windows"素材文件夹中所有的.txt文件。

2. 知识点综合练习

（1）将"E:\一年级\护理系"文件夹下的"班级信息.txt"文件复制到"E:\一年级\药学系"文件夹内，并将文件名更改为"分班信息.txt"。

（2）将"E:\一年级\护理系\系部资料"文件夹下的"护理 1.docx"文件移动到"E:\一年级\药学系"文件夹内，并将该文件名改为"药学 1.docx"。

（3）将"E:\一年级"文件夹内的"医学技术系"文件夹改名为"医技系"，并将该文件夹的属性设置为"只读"属性。

（4）将"E:\一年级\护理系\系部资料"文件夹下的"护理 2.docx"文件删除。

（5）将"E:\一年级\药学系"文件夹内的"分班信息.txt"文件的文件属性设置为"只读"和"隐藏"。

（6）在 E 盘创建文件夹□□□，在"一年级"文件夹中搜索所有的.txt文件及.docx文件并复制到 E 盘□□□文件夹中。

（7）提交文件夹"一年级"和"□□□"。□□□文件夹最终效果如图 1-3 所示。

图 1-3 □□□文件夹最终效果

实 训 报 告

班别： 姓名： 学号：

实训名称	文件和文件夹管理
实训目标	掌握文件和文件夹的基本操作
实训时间	＿＿＿年＿＿＿月＿＿＿日 星期＿＿＿ 第＿＿＿节

实训小结	1. 操作系统的基本功能是＿＿＿＿＿＿＿＿＿＿＿＿＿＿＿＿＿＿＿＿＿＿。
	2. 存储管理的对象是＿＿＿＿＿＿＿。
	3. 图 2-2 中，文件"值班表.xlsx"的路径是＿＿＿＿＿＿＿＿＿＿＿＿＿＿＿。
	4. 在删除文件或文件夹时，选择好要删除的文件或文件夹后，按＿＿＿＿＿＿＿就可以将其删除到回收站中。
	5. 在 Windows 中，"文本文档"文件默认的扩展名是＿＿＿＿＿＿。
	6. 在 Windows 7 的文件管理中，如果要选择全部文件或文件夹，可单击"编辑"菜单中的"全选"命令或者按快捷键＿＿＿＿＿＿。
	7. 在 Windows 7 中，用鼠标选中不连续的文件的操作是（ ＿＿＿ ）。
	    A. 单击一个文件，然后单击另一个文件
	    B. 双击一个文件，然后双击另一个文件
	    C. 单击一个文件，然后按住 Ctrl 键单击另一文件
	    D. 单击一个文件，然后按住 Shift 键单击另一文件
	8. Windows 7 的文件夹系统采用的结构是（ ＿＿＿ ）。
	    A. 树形结构 B. 层次结构 C. 网状结构 D. 嵌套结构
	9. 我的心得体会＿＿＿＿＿＿＿＿＿＿＿＿＿＿＿＿＿＿＿＿＿＿
	＿＿＿＿＿＿＿＿＿＿＿＿＿＿＿＿＿＿＿＿＿＿＿＿＿＿＿＿＿＿＿＿
	＿＿＿＿＿＿＿＿＿＿＿＿＿＿＿＿＿＿＿＿＿＿＿＿＿＿＿＿＿＿＿＿
	＿＿＿＿＿＿＿＿＿＿＿＿＿＿＿＿＿＿＿＿＿＿＿＿＿＿＿＿＿＿＿＿
	＿＿＿＿＿＿＿＿＿＿＿＿＿＿＿＿＿＿＿＿＿＿＿＿＿＿＿＿＿＿＿＿
	＿＿＿＿＿＿＿＿＿＿＿＿＿＿＿＿＿＿＿＿＿＿＿＿＿＿＿＿＿＿＿＿
	＿＿＿＿＿＿＿＿＿＿＿＿＿＿＿＿＿＿＿＿＿＿＿＿＿＿＿＿＿＿＿＿
	＿＿＿＿＿＿＿＿＿＿＿＿＿＿＿＿＿＿＿＿＿＿＿＿＿＿＿＿＿＿＿＿
	＿＿＿＿＿＿＿＿＿＿＿＿＿＿＿＿＿＿＿＿＿＿＿＿＿＿＿＿＿＿＿＿
	＿＿＿＿＿＿＿＿＿＿＿＿＿＿＿＿＿＿＿＿＿＿＿＿＿＿＿＿＿＿。

实训 5　Windows 综合练习 1

一、实训目标

能够充分利用所学的知识点完成对 Windows 的基本设置。

二、实训内容

（1）在 E:\ 中创建名为 □□□ 的文件夹，并在 □□□ 中创建子文件夹 sub1。

（2）将"C:\实训\windows\综合练习 1"中所有文件复制到 E:\□□□ 中。

（3）将 E:\□□□ 中扩展名为.docx 的文件移动至 sub1 文件夹中。

（4）将 E:\□□□ 中的"BBJJ.JPG"文件改名为"山水图.JPG"。

（5）删除 E:\□□□ 中的 sn.txt 文件。

（6）将 E:\□□□ 中"成绩表.xlsx"文件的属性设置为"隐藏"。

（7）在 E:\□□□ 中创建一个 txt 文档，命名为"综合练习.txt"。

（8）将 E:\□□□ 中所有的 jpg 文件压缩到文件"tx1.rar"。

（9）将系统时间调整为"14:30"。

（10）将"山水图.JPG"设置为桌面背景。

（11）设置"气泡"的屏幕保护程序，等待时间为 1 min。

（12）设置任务栏中的时钟隐藏，并在"开始"菜单中显示小图标。

（13）设置任务栏上不显示"输入法指示器"，然后再重新设置为显示。

实训 6　Windows 综合练习 2

一、实训目标

能对文件及文件夹进行分类整理。

二、实训内容

1. 应用背景

小张是某社区卫生服务中心的新员工，主要工作是做好社区卫生服务中心的院务文件管理。由于此前社区医院的计算机没有固定人员管理，文件和文件夹存放凌乱，为了方便日后工作的开展，小张将院务相关的文件收集在一个文件夹（C:\实训\windows\待整理素材）中，现在需要对当前这个文件夹的内容进行分类整理，同时根据具体情况进行合理删减和命名。

2. 要求

（1）对象命名清晰、简洁，便于识别查找。

（2）重要对象做好备份，无用对象需要删除。

（3）将对象进行分层存放，使得对象分层清晰，目的明确，便于识别查找。

（4）整理完成后，所有对象仍在当前文件夹内，对该文件夹进行合理命名，提交该文件夹。

1.3　计算机网络基础实训

实训 7　浏览器的使用及在线收发电子邮件

一、实训目标

（1）熟练设置和使用浏览器，能利用 IE 浏览器浏览网页信息。

（2）能利用搜索引擎搜索指定的网页、图片等信息，并下载、保存到指定位置。

（3）掌握在线注册电子邮箱和收发电子邮件的方法。

（4）能使用即时通信工具进行实时通信，传送文件及上传下载资源。

（5）能进行网络 IP 地址的配置。

（6）能对 Windows 7 中的共享资源进行设置和使用。

二、实训内容

1. 知识点分类练习

（1）新建文件夹：在 E 盘创立一个名为□□□的文件夹（□□□表示学生学号后三位及姓名）。

（2）IE 浏览器的使用：

① 打开 IE 浏览器，在地址栏中输入网址 http://www.gxwzy.com.cn，把该网页设为 IE 浏览器的主页，并在网页上找到广西卫生职业技术学院图书馆，浏览图书馆网站上"银符考试题库"中计算机等级考试（国家）一级计算机基础及 MS Office 应用的历年真题。

② 打开 IE 浏览器，在地址栏中输入 http://zjy2.icve.com.cn，收藏该网页，并在网页上登录职教云，完成本次课的签到。

（3）网络搜索与网页的保存：启动 IE 浏览器，在地址栏输入 https://www.baidu.com（百度）并按【Enter】键。

① 利用搜索引擎查找"我的家乡（南宁）"的网页。将该网页以"网页，仅 HTML"类型，以 3-1.htm 为名，保存在 E:\□□□文件夹中。

② 利用搜索引擎查找"我家乡的风景（青秀山）"图片，将图片以 3-2.jpg 为名保存在 E:\□□□文件夹中。

③ 利用搜索引擎查找最近两年内有关"中国——东盟博览会"的网页，并将该网页以文本文件的类型，以 3-3.txt 为名，保存在 E:\□□□文件夹中。

（4）注册免费电子邮箱：启动 IE 浏览器，在地址栏中输入 http://www.126.com 并按【Enter】键，单击"注册"按钮，如图 1-4 所示，在弹出的注册网页窗口中，按照屏幕上的提示输入个人相关信息后，单击"注册"按钮。

（5）在线收发电子邮件：打开 http://www.126.com 网页，用刚注册的用户名与密码登录，浏览收件夹等信息，写邮件，添加附件，发送邮件。

（6）查看本机的 IP 地址：查询本机的 IP 地址、子网掩码、默认网关和 DNS 服务器地址。

（7）文件和文件夹的共享：启用网络发现功能，启用文件和打印机共享功能，设置共享 E

盘中的□□□文件夹。

图1-4 注册邮箱

2. 知识点综合练习

（1）启动QQ，将"C:\实训\网络\网址.docx"上传到微云。

（2）在E盘根文件夹中创建一个名为□□□的文件夹。

（3）启动IE浏览器，利用搜索引擎搜索"中国教育考试网"，在该网站查找"全国计算机等级考试考试大纲"（见图1-5），并下载该考试大纲，将其以"ms office.pdf"为文件名保存到E:\□□□文件夹中。

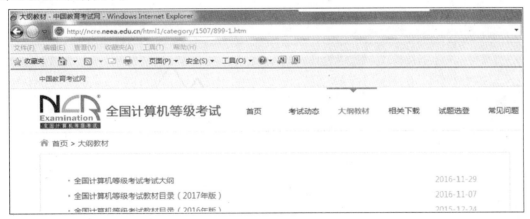

图1-5 "中国教育考试网网站"样例

"考试大纲"样例如图1-6所示。

（4）利用搜索引擎搜索一张"全国计算机一级考试证书"的图片（见图1-7），要求图片为"大尺寸"，并以"证书.jpg"为文件名保存到E:\□□□文件夹中。

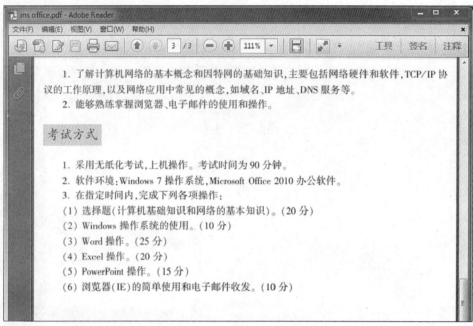

图 1-6　"考试大纲"样例

图 1-7　"考试证书"样例

（5）登录学生的个人邮箱。

① 写一封电子邮件。

收件人：jsjzy@gxwzy.com；

主题：□□□作业

邮件正文如下：

老师：

　　您好！

　　我的 IP 地址是：×.×.×.×。

　　现将我的作业发送给您，见附件，请查收！

　　此致

敬礼！

（学生姓名）

2019 年 9 月 10 日

② 为邮件添加附件"ms office.pdf"及"证书.jpg"，并发送该邮件。

实训报告

班别：　　　　姓名：　　　　学号：

实训名称	浏览器的使用及在线收发电子邮件
实训目标	熟悉网上搜索信息并保存、掌握电子邮箱和收发邮件的方法
实训时间	_____年_____月_____日　　　　星期_____ 第_____节
实训小结	1. WWW 的中文全称是 _____。 2. 通过 Internet 可以（　　　）。 　　A. 查询、检索资料 　　B. 打国际长途电话，点播电视节目 　　C. 点播电视节目，发送电子邮件 　　D. 以上都对 3. 计算机网络的目标是实现（　　　）。 　　A. 文件查询 　　B. 信息传输与数据处理 　　C. 数据处理 　　D. 信息传输与资源共享 4. 使用电子邮件的首要条件是要拥有一个（　　　）。 　　A. 网页　　　　　　　　　　B. 网站 　　C. 计算机　　　　　　　　　D. 电子邮件地址 5. elle@nankai.edu.cn 是一种典型的用户（　　　）。 　　A. 数据　　　　　　　　　　B. 硬件地址 　　C. 电子邮件地址　　　　　　D. WWW 地址 6. 下面电子邮件地址写法正确的是（　　　）。 　　A. abcd163.com　　　　　　B. abcd@163.com 　　C. 163.com@abcd　　　　　D. 163.comabcd 7. 下面 4 个 IP 地址中，正确的是（　　　）。 　　A. 202.9.1.12　　　　　　　B. 256.9.23.1 　　C. 202.188.200.34.55　　　D. 222.134.33.A 8. 为了能在 Internet 上正确的通信，每台网络设备和主机都分配了唯一的地址，该地址是由数字组成并用小数点分隔开，它称为（　　　）。 　　A. TCP 地址　　　　　　　　B. IP 地址 　　C. WWW 客户机地址　　　　D. WWW 服务器地址

续表

实训小结	9. 电子邮件地址由@分隔成两部分，其中@符号前为（　　　）。 　A. 本机域名　　　B. 用户名　　　C. 机器名　　　D. 密码 10. 我的心得体会＿＿＿＿＿＿＿＿＿＿＿＿＿＿＿＿＿＿＿＿＿＿＿ ＿＿＿＿＿＿＿＿＿＿＿＿＿＿＿＿＿＿＿＿＿＿＿＿＿＿＿＿＿＿＿＿＿ ＿＿＿＿＿＿＿＿＿＿＿＿＿＿＿＿＿＿＿＿＿＿＿＿＿＿＿＿＿＿＿＿＿ ＿＿＿＿＿＿＿＿＿＿＿＿＿＿＿＿＿＿＿＿＿＿＿＿＿＿＿＿＿＿＿＿＿

1.4　文字处理 Word 2010 实训

实训 8　Word 基本编辑

一、实训目标

（1）利用 Word 创建文档、输入文档、编辑（修改）文档及保存文档。

（2）理解并掌握 Word 软件操作的一般方法。

（3）理解并掌握文档基本格式化的一般方法。

（4）能够对 Word 文档进行字符格式化、段落格式化的设置。

二、实训内容

1. 知识点分类练习

（1）保存操作：新建一个 Word 空白文档，输入下面的文字，并将该文档以"□□□-保存"为名，以"Word 文档"为保存类型，保存到 E:\□□□文件夹（□□□表示学生学号后三位及姓名）。内容如下：

本人职业态度良好，具有较强的亲和力，人际关系良好，经过一年的实践，使张三在技术方面有了丰硕的收获，使张三变得更加成熟稳健，专业功底更加扎实，如导尿术，灌肠术，下胃管，成人静脉输液，皮内、皮下注射等技术能较为熟练地操作，基本护理技术全面，基本掌握各类医疗设备的操作，有较强的独立工作能力。对医护行业认识深刻，能很快适应各科室的工作流程，善于学习，不怕吃苦，热情大方，能够时刻微笑面对病患。

广西卫生职业技术学院 2019 届毕业生推荐书自我评价

（2）调整段落位置：打开"C:\实训\word\4-1-1.docx"文档，将正文第 1 段与第 2 段互换位置后，"自我评价"作为独立一个段落（参考图 1-8）。

（3）替换/查找：将正文中的"张三"替换为"我"，设置为红色。并将该文档以"□□□-替换"为名，以"Word 文档"为保存类型保存到 E:\□□□文件夹。最终效果如图 1-8 所示。

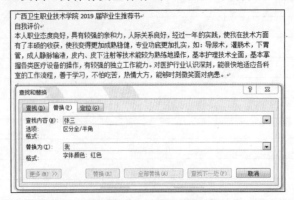

图 1-8　"替换"效果

（4）字符格式：打开"C:\实训\word\4-1-2.docx"文档，按文档要求编辑，编辑完成以后以"□□□-字符格式.docx"为文件名保存到 E:\□□□文件夹中。最终效果如图 1-9 所示。

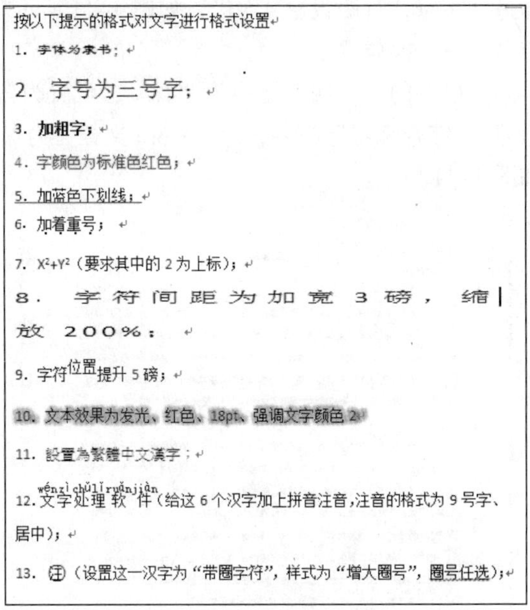

按以下提示的格式对文字进行格式设置

1. **字体为隶书**；

2. 字号为三号字；

3. **加粗字**；

4. 字颜色为标准色红色；

5. 加蓝色下划线；

6. 加着重号；

7. X^2+Y^2（要求其中的 2 为上标）；

8. 字符间距为加宽 3 磅，缩放 200%；

9. 字符位置提升 5 磅；

10. 文本效果为发光、红色、18pt、强调文字颜色 2；

11. 设置为繁體中文漢字；

12.文字处理软件（给这 6 个汉字加上拼音注音，注音的格式为 9 号字、居中）；

13. ㊣（设置这一汉字为"带圈字符"，样式为"增大圈号"，圈号任选）；

图 1-9 "字体格式"效果

（5）段落格式：打开"C:\实训\word\4-1-3.rtf"文件，按如下要求在文档中完成段落的格式设置，编辑完成后另存至 E:\□□□文件夹，命名为"□□□-段落格式.docx"，最终效果如图 1-10 所示。

① 给文章加标题"自我评价"，居中显示。

② 设置标题行的段前间距为 10 磅，段后间距为 20 磅。

③ 将正文设置为首行缩进 2 个字符，段前间距 0.5 行。

④ 将第 1 段设置左右缩进各 1 cm。

⑤ 给第 2 段设置项目符号"◆"。

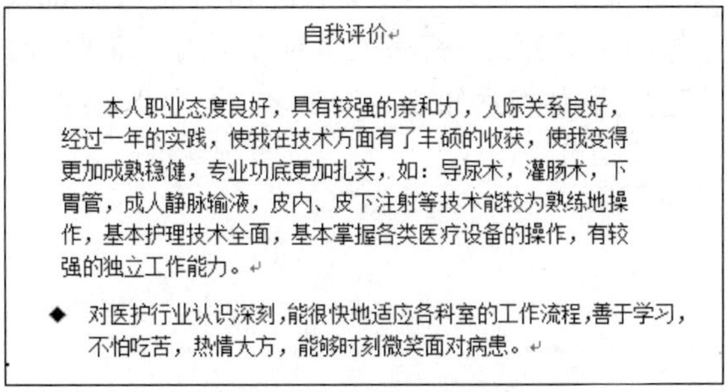

自我评价

本人职业态度良好，具有较强的亲和力，人际关系良好，经过一年的实践，使我在技术方面有了丰硕的收获，使我变得更加成熟稳健，专业功底更加扎实，如：导尿术，灌肠术，下胃管，成人静脉输液，皮内、皮下注射等技术能较为熟练地操作，基本护理技术全面，基本掌握各类医疗设备的操作，有较强的独立工作能力。

◆ 对医护行业认识深刻，能很快地适应各科室的工作流程，善于学习，不怕吃苦，热情大方，能够时刻微笑面对病患。

图 1-10 "段落格式"效果

2. 知识点综合练习

（1）打开"C:\实训\word\4-1.rtf"文档，在文档最后另起一段并输入如下内容：

自荐人：李四

（2）将标题"自荐信"设置为居中对齐，加粗；将"自荐人：李四"设置为右对齐。

（3）正文内容首行缩进 2 字符，行距设置 1.5 倍，如图 1-11 所示。

（4）将正文第 2 段与第 6 段互换位置。

（5）将正文第 5 段至第 7 段中的"李四"替换为"我"，设置为蓝色、加粗。

（6）将该文档以"□□□-综合练习"为名，以"Word 文档"为保存类型，保存到 E:\□□□文件夹中。最终效果如图 1-11 所示。

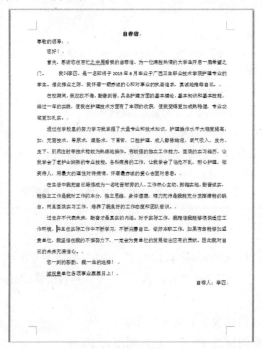

图 1-11　"文档基本操作"效果图

3．应用练习

我院拟对新生安排入学体检，请打开"C:\实训\word\体检通知.docx"，对通知内容进行字体格式（字形、字号、字体颜色等）、段落格式（对齐方式、缩进、间距）设置，以期能印刷并发放到各班级，并以"□□□-体检通知.docx"为名，另存到 E:\□□□文件夹。

实 训 报 告

班别：　　　姓名：　　　学号：

实训名称	Word 基本编辑
实训目标	掌握文档的创建、编辑修改和保存的操作
实训时间	_____年_____月_____日　　　　星期_____　第_____节
实训小结	1. 在 Word 2010 中，"开始"选项卡中包含剪贴板、字体、段落、样式和_____5 个功能组。 2. Word 2010 文档的扩展名为_____。 3. 在 Word 2010 中提供了 5 种"文档视图"供用户选择，这 5 种视图包括页面视图、_____、Web 版式视图、大纲视图和普通视图。 4. 在 Word 2010 文档的录入过程中，如果发现有误操作，则可使用_____取消本次操作。 5. 在"字体"对话框"字符间距"选项卡中的"位置"列表框中有：_____、提升和_____3 种位置。 6. 段落的缩进主要是指_____、左缩进、右缩进和_____形式。 7. 文字的格式主要是指文字的_____、_____字形和颜色。 8. 在 Word 2010 中，行间距是在指段的_____或称行高，段间距是指段落之间的_____。 9. 我的心得体会_____ _____ _____ _____ _____ _____ _____ _____ _____。

实训 9　Word 文档的特殊格式化

一、实训目标

（1）理解并记住文档特殊格式化的一般方法。

（2）能够对 Word 文档进行页面格式化设置，以及分栏、边框底纹等特殊格式的设置。

二、实训内容

1. 知识点分类练习

（1）边框和底纹：打开"C:\实训\word\4-2-1.docx"文件，按如下要求编辑。最终效果如图 1-12 所示。

① 给标题添加文字边框、阴影、双线、红色、0.5 磅。

② 给第 1 段添加底纹，填充黄色、图案浅色下斜线，颜色设为蓝色。

③ 给页面加边框，任选一艺术型边框，颜色为红色，线宽为 5 磅。

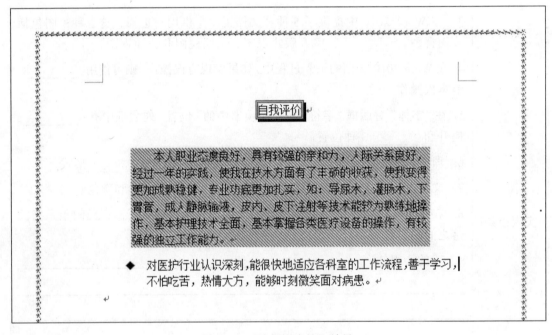

图 1-12　"边框和底纹"效果

（2）分栏：设置正文第 2 段分 2 栏、间距 3 磅、有分隔线。最终效果如图 1-13 所示。

（3）页面格式：设置整篇文档纸张为 A4，上下页边距为 2 cm，左右页边距为 2.5 cm。编辑完成后另存至 E:\□□□文件夹，命名为"□□□-特殊格式化.docx"。最终效果如图 1-14 所示。

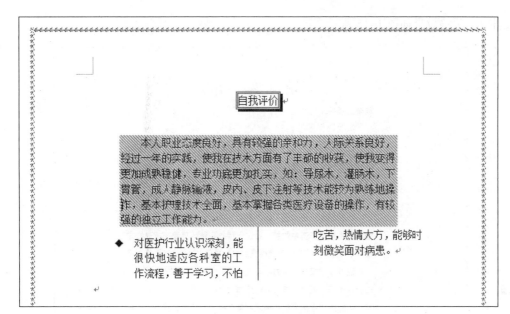

图 1-13　"分栏"效果

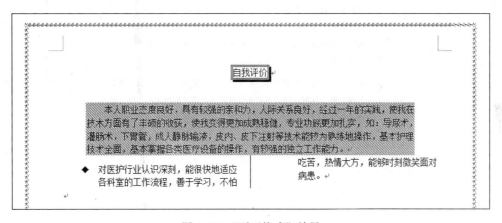

图 1-14　"页面格式"效果

2．知识点综合练习

打开"C:\实训\word\4-2.docx"文件，按顺序完成如下编辑：

（1）给文章加标题"自荐书"，二号字、红色、华文行楷、加粗、字符间距加宽 10 磅、居中显示。

（2）将正文第 1～5 段设为首行缩进 2 个字符，1.3 倍的行距。

（3）将正文第 6 段分为等宽 2 栏，栏间加分隔线。

（4）将"此致"设为左缩进 2 字符，落款右对齐。

（5）给页面添加红色、虚线、1.5 磅带阴影的边框。

（6）将纸张大小设置为 16 开，上下左右页边距均为 2 cm，装订线位于左侧 1.5 cm 处。

（7）将该文档以"□□□-自荐书.docx"为名，以"Word 文档"为保存类型保存到 E:\□□

□文件夹。最终效果如图 1-15 所示。

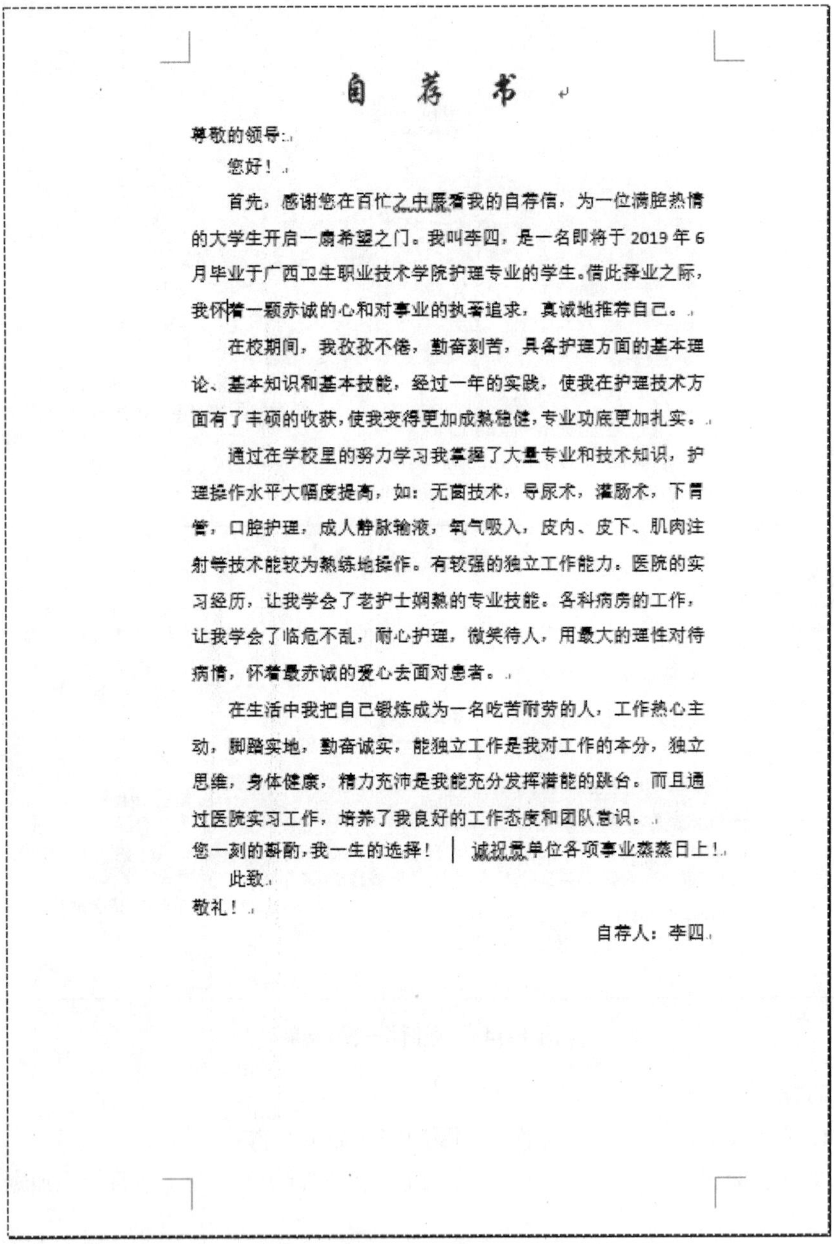

图 1-15 "文档格式化操作"效果

3. 应用练习

（1）打开"C:\实训\word\桂林山水.docx"，将其以 "□□□-桂林山水.docx"为文件名另存到 E:\□□□文件夹中。

（2）参照图 1-16 所示的效果编辑文档。

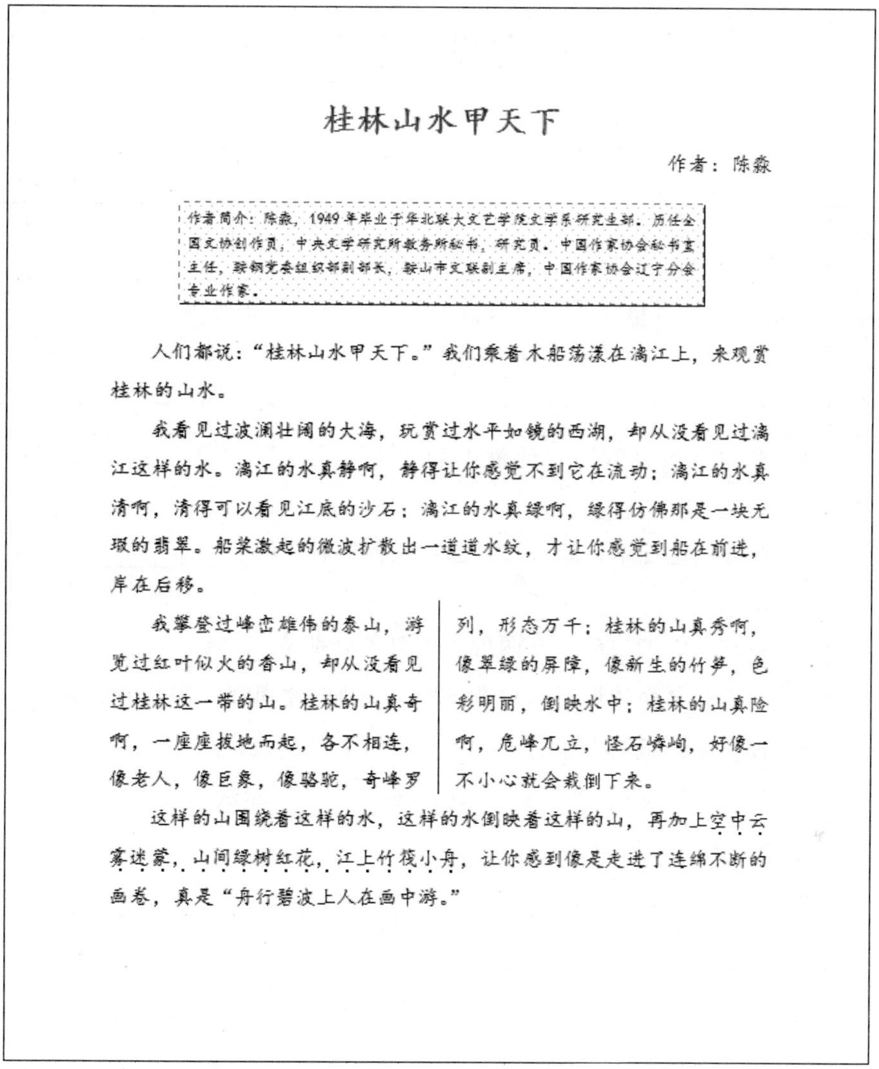

桂林山水甲天下

作者：陈淼

作者简介：陈淼，1949年毕业于华北联大文艺学院文学系研究生部。历任全国文协创作员，中央文学研究所教务所秘书，研究员，中国作家协会秘书室主任，鞍钢党委组织部副部长，鞍山市文联副主席，中国作家协会辽宁分会专业作家。

人们都说："桂林山水甲天下。"我们乘着木船荡漾在漓江上，来观赏桂林的山水。

我看见过波澜壮阔的大海，玩赏过水平如镜的西湖，却从没看见过漓江这样的水。漓江的水真静啊，静得让你感觉不到它在流动；漓江的水真清啊，清得可以看见江底的沙石；漓江的水真绿啊，绿得仿佛那是一块无瑕的翡翠。船桨激起的微波扩散出一道道水纹，才让你感觉到船在前进，岸在后移。

我攀登过峰峦雄伟的泰山，游览过红叶似火的香山，却从没看见过桂林这一带的山。桂林的山真奇啊，一座座拔地而起，各不相连，像老人，像巨象，像骆驼，奇峰罗列，形态万千；桂林的山真秀啊，像翠绿的屏障，像新生的竹笋，色彩明丽，倒映水中；桂林的山真险啊，危峰兀立，怪石嶙峋，好像一不小心就会栽倒下来。

这样的山围绕着这样的水，这样的水倒映着这样的山，再加上空中云雾迷蒙，山间绿树红花，江上竹筏小舟，让你感到像是走进了连绵不断的画卷，真是"舟行碧波上人在画中游。"

图 1-16 "桂林山水"文档完成效果

实 训 报 告

班别：　　　　　姓名：　　　　　学号：

实训名称	**Word 文档的特殊格式化**
实训目标	掌握文档字符格式化、段落格式化、页面格式化等操作
实训时间	＿＿＿年＿＿＿月＿＿＿日　　　　星期＿＿＿　第＿＿＿＿节
实训小结	1. 在"页面设置"对话框中的"纸张大小"选项卡中可以设置纸张的＿＿＿＿和＿＿＿＿。 2. 在分栏过程中，如果没有选定任何内容，则表示对＿＿＿＿进行分栏排版。 3. 给对象添加边框，有两种应用对象分别是＿＿＿＿、＿＿＿＿。 4. 边框和页面边框对话框选项中，页面边框都了一项设置，是＿＿＿＿。 5. 设置文档纸张大小时，"应用于"下拉列表框应该选择＿＿＿＿。 6. 编辑一篇文档，文档的标题应该＿＿＿＿显示，落款应该＿＿＿＿，所有段落第一行应该＿＿＿＿。 7. 我的心得体会＿＿＿＿＿＿＿＿＿＿＿＿＿＿＿＿＿＿＿＿＿ ＿＿＿＿＿＿＿＿＿＿＿＿＿＿＿＿＿＿＿＿＿＿＿＿＿＿＿＿＿ ＿＿＿＿＿＿＿＿＿＿＿＿＿＿＿＿＿＿＿＿＿＿＿＿＿＿＿＿＿ ＿＿＿＿＿＿＿＿＿＿＿＿＿＿＿＿＿＿＿＿＿＿＿＿＿＿＿＿＿ ＿＿＿＿＿＿＿＿＿＿＿＿＿＿＿＿＿＿＿＿＿＿＿＿＿＿＿＿＿ ＿＿＿＿＿＿＿＿＿＿＿＿＿＿＿＿＿＿＿＿＿＿＿＿＿＿＿＿＿ ＿＿＿＿＿＿＿＿＿＿＿＿＿＿＿＿＿＿＿＿＿＿＿＿＿＿＿＿＿ ＿＿＿＿＿＿＿＿＿＿＿＿＿＿＿＿＿＿＿＿＿＿＿＿＿＿＿＿＿ ＿＿＿＿＿＿＿＿＿＿＿＿＿＿＿＿＿＿＿＿＿＿＿＿＿＿＿。

实训 10　Word 文档的表格操作

一、实训目标

（1）理解并记住 Word 制表的一般方法。

（2）能够利用 Word 创建、编辑修改、格式化表格。

二、实训内容

1. 知识点分类练习

（1）创建表格：新建一个空白的 Word 文档，在文档中建立图 1-17 所示的表格。

		性别	数学	语文	英语
2	张华强	男	83	75	88
5	王宏伟	男	71	69	60
3	刘露	女	90	85	70
4	张文	女	84	90	66
1	李丽	女	80	78	70

图 1-17　"创建表格"效果

（2）美化表格：按下列要求美化表格。编辑完成以后以"□□□-成绩单.docx"为文件名，保存到 E:\□□□文件夹。最终效果如图 1-18 所示。

① 在"英语"的右边插入一列，列标题为"个人总分"，在表格的最后增加一行，行标题为"单科平均分"。

② 第 1 行行高设置为 1 cm。调整第一列的宽度如图 1-18 所示。第 2～7 列的列宽设置为 2 cm。

③ 合并单元格和绘制表头，如图 1-18 所示。

④ 给表格设置红色双线 1.5 磅外边框，蓝色单线 1 磅内边框，表头设置底纹黄色。

姓名＼科目	性别	数学	语文	英语	个人总分
2 张华强	男	83	75	88	
5 王宏伟	男	71	69	60	
3 刘露	女	90	85	70	
4 张文	女	84	90	66	
1 李丽	女	80	78	70	
单科平均分					

图 1-18　"美化表格"效果

（3）文本与表格的转换：打开"C:\实训\word\4-3-2.docx"文档，把最后两行转换成 2 行 4 列表格，编辑完成以后以"□□□-表格转换.docx"为文件名，保存到 E:\□□□文件夹。最终效果如图 1-19 所示。

科目 姓名		性别	数学	语文	英语	个人总分
2	张华强	男	83	75	88	
5	王宏伟	男	71	69	60	
3	刘露	女	90	85	70	
4	张文	女	84	90	66	
1	李丽	女	80	78	70	
单科平均分						
单科最高分		90		90		88
单科最低分		71		69		60

图 1-19 "文本与表格转换"效果

2. 知识点综合练习

（1）新建一个空白 Word 文档，创建一个 5 列 11 行的表格。

（2）将第 1～10 行的行高设为 1 cm，第 11 行行高设为 10 cm。

（3）按图 1-20 所示合并单元格。

（4）按图 1-20 所示输入单元格内容，并将字体设为四号、加粗、中部居中对齐。

（5）按照图 1-20 所示设置边框底纹。底纹为标准色浅绿。中间三行单元格边框设置：表格上下边框为 0.5 磅双线，左、中、右边框为 0.5 磅单线。

（6）给表格添加"简历表"标题。格式设为黑体、四号、加粗、居中。

（7）表格居中对齐：编辑完成后另存至 E:\□□□文件夹，并命名为"□□□-简历表.docx"。最终效果如图 1-20 所示。

图 1-20 "文档表格操作"效果

3. 应用练习

我院对新生入学体检安排如下，打开 "C:\实训\word\体检安排.docx"，将以下安排以表格的形式呈现出来，附在通知末尾。

护理系体检时间为 9 月 11 日 8:00—16:00，体检地点在综合楼 F101，负责人为方医生；医学系体检时间为 9 月 11 日 8:00—16:00，体检地点在综合楼 F102，负责人为张医生；大健康产业系体检时间为 9 月 11 日 8:00—16:00，体检地点在综合楼 F101，负责人为方医生；药学系体检时间为 9 月 12 日 8:00—16:00，体检地点在综合楼 F101，负责人为方医生；医技系体检时间为 9 月 12 日 8:00—16:00，体检地点在综合楼 F102，负责人为张医生。

实 训 报 告

班别： 姓名： 学号：

实训名称	Word 文档的表格操作
实训目标	熟悉 Word 表格的创建、编辑修改和格式化操作
实训时间	_____年_____月_____日　　　　星期_____第_____节
实训小结	1. 要在 Word 2010 中设置表格线的粗细，可使用"设计"选项卡中的_____命令。 2. 当一张表格超过一页时，通常希望在第二页的续表中也包含第一页的表头，则应在_____选项卡中选择_____复选框。 3. 在 Word 2010 的编辑状态，关于拆分表格，正确的说法是（　　　）。 　　A. 只能将表格拆分为左右两部分　　B. 可以自己设置拆分的行列数 　　C. 只能将表格拆分为上下两部分　　D. 只能将表格拆分为列 4. 下列关于 Word 2010 表格功能的描述，正确的是（　　　）。 　　A. Word 2010 对表格中的数据既不能进行排序，也不能进行计算 　　B. Word 2010 对表格中的数据能进行排序，但不能进行计算 　　C. Word 2010 对表格中的数据不能进行排序，但可以进行计算 　　D. Word 2010 对表格中的数据既能进行排序，也能进行计算 5. 我的心得体会_____ _____ _____ _____ _____ _____ _____ _____。

实训 11　Word 文档的图文混排操作

一、实训目标

（1）理解并记住图文混排的一般方法。

（2）能在 Word 文档中添加图片、艺术字、文本框及首字下沉并进行编辑修改。

二、实训内容

1. 知识点分类练习

打开"C:\实训\word\4-4-1.docx"文档，按顺序编辑文档。编辑完成后以"□□□-图文混排.docx"为文件名保存到 E:\□□□文件夹。最终效果如图 1-21 所示。

图 1-21　"文档的图文混排操作"效果

（1）艺术字：给文档加艺术字标题"高职教育"；艺术字样式：第三行第二列；形状样式：彩色轮廓–蓝色，强调颜色 1；自动换行：上下型环绕。

（2）文本框：在第 1 段插入一个横排文本框，内容为"护理专业"，字体设为华文行楷、四号、红色；文本框形状填充：纹理羊皮纸；形状效果：阴影外部、右下斜偏移；自动换行：四周型文字环绕。在第 3 段插入一横排文本框，内容为"助产专业"，其设置与"护理专业"相同。

（3）首字下沉：将正文第 2 段和第 4 段设为首字下沉 2 行，距正文 1 cm、首字为隶书、蓝色。

（4）图片：在正文最后插入名为"logo.jpg"的图片，并设置图片效果："全映像，接触"。

（5）给文档添加页眉："广西卫生职业技术学院"，分散对齐。

（6）给文档添加页脚："地址：昆仑大道 8 号"，右对齐。

2. 知识点综合练习

（1）新建一个空白的 Word 文档，在"页面布局"选项卡选择"页面颜色"组，设置填充效果：双色。

（2）插入"版面.jpg"图片，设置图片样式：柔化边缘矩形；自动换行：四周型环绕。

（3）插入艺术字"就业推荐书"，艺术字样式："填充–无，轮廓–强调文字颜色 2；文本填充：标准色红色"。自动换行：浮于文字上方。

（4）插入文本框，内容："姓名：***，专业：***，联系电话：***"。设置形状样式："无形状填充，无形状轮廓"。

（5）编辑完成后以"□□□-推荐书.docx"文件名保存到 E:\□□□文件夹。最终效果如图 1–22 所示。

图 1–22 "就业推荐封面"效果

3. 应用练习

仔细观察图 1–23 所示样文，新建一个 Word 文档，利用"C:\实训\word\体检海报"文件夹中的素材做一幅海报，并以"□□□-体检海报.docx"为名保存到 E:\□□□。

图 1-23 "体检海报"效果

实 训 报 告

班别：　　　　姓名：　　　　学号：

实训名称	Word 文档的图文混排操作
实训目标	熟悉文档图文混排的一般方法
实训时间	_____年_____月_____日　　　　　星期_____第_____节
实训小结	1. 在 Word 2010 文档中插入图形文件，可在_____选项卡中单击_____按钮。 2. 在 Word 2010 中，设置图片格式有 5 种版式，分别是四周型、_____、_____、_____、衬于文字下方。 3. 在 Word 2010 中设置图片格式，关于文字的环绕位置有 7 种，分别是_____型、上下型、穿越型、衬于文字下方、浮于文字上方、嵌入文字所在层和_____型。 4. 在 Word 2010 的编辑状态，要在文档中添加符号"★"，应当使用（　　　）中的命令。 　　A. "开始"选项卡　　　　　　　　B. "引用"选项卡 　　C. "视图"选项卡　　　　　　　　D. "插入"选项卡 5. 在 Word 2010 的编辑状态下，图片或形状的三维效果位于（　　　）选项卡中。 　　A. 视图　　　　B. 格式　　　　C. 绘图　　　　D. 图片 6. 我的心得体会_____ _____ _____ _____ _____ _____ _____ _____ _____

实训 12　Word 综合练习 1

一、实训目标

能够充分利用 Word 模块中所学的知识点完成对文档的编辑。

二、实训内容

打开"C:\实训\word\4–5.docx"文档，完成下列操作：

（1）设置纸张大小为 16 开，页边距上、下、左、右各为 2.2 cm。

（2）将标题文字"清丽脱俗——荷花"设置为楷体、三号、加粗、居中。

（3）将正文文字设置为楷体，小四号。

（4）将正文所有段落设置为：首行缩进 2 字符，行距为固定值 18 磅。

（5）将正文中的"荷叶"全部替换为"荷花"。

（6）将正文第三段和第四段互换位置。

（7）将正文第一段设为首字下沉 2 行、距正文 1 cm，首字为黑体、蓝色。

（8）给正文第二段添加阴影边框，蓝色，0.5 磅，双线。

（9）在正文第三段中间插入图片文件"C:\实训\word\荷花.jpg"，将自动换行方式设为"紧密型"，修改图片大小为高 2 cm，宽 3.5 cm，图片效果为阴影、外部、右下斜偏移，左右居中，如图 1–24 所示。

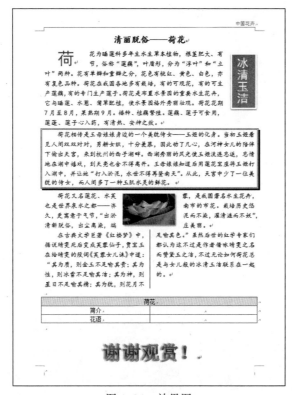

图 1–24　效果图

（10）将正文的第四段分两栏显示，栏间加分隔线。

（11）给正文第一段添加文本框，内容为"冰清玉洁"；文本框文字设置为：二号、黑体；形状样式为"浅色1轮廓，彩色填充–水绿色，强调颜色5；四周型环绕"，如图1-24所示。

（12）给文章添加页眉，内容为"中国花卉"，右对齐。

（13）在文档末尾插入图1-24所示表格，并进行如下设置。

① 设置所有单元格中部居中。

② 给表格设置蓝色边框，给第一行添加黄色底纹。

（14）在文章底部添加艺术字"谢谢观赏！"，艺术字样式为"渐变填充–蓝色，强调文字颜色1；形状效果为阴影、外部、向左偏移；左右居中"，如图1-24所示。

（15）将该文档以"□□□-综合练习"为名，以"Word文档"为保存类型，保存到 E:\□□□文件夹。

实训 13　Word 综合练习 2

一、实训目标

能够充分利用 Word 模块中所学的知识点完成对文档的编辑。

二、实训内容

新建一个空白的 Word 文档，以"□□□-简历.docx"为文件名保存到 E:\□□□文件夹。制作要求如下：（所需文字、图片内容在 C:\实训\word\综合练习 2 文件夹中）

1. 封面

要求：参考图 1-25，使用"艺术字""文本框""图片"等制作简历的封面。

提示："图片"无法移动——调整"自动换行"。

图 1-25　"封面"效果

2. 个人简历

要求：参照图 1-26，用"表格"制作个人简历表。

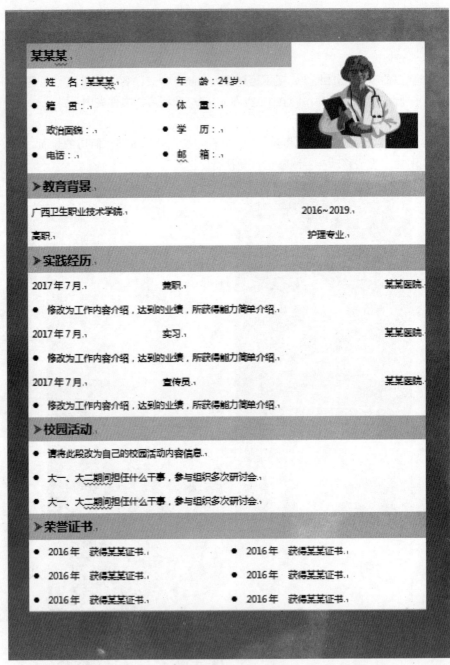

图 1-26　"简历"效果

3. 自荐信

要求：参照图 1-27，使用"字体""段落"进行合理的格式化。

自荐信

尊敬的领导：

您好！

首先，感谢您在百忙之中，展看我的自荐信，为一位满腔热情的大学生开启一扇希望之门。我叫李四，是一名即将于 2015 年 6 月毕业于广西卫生职业技术学院护理专业的学生。借此择业之际，我怀着一颗赤诚的心和对事业的执著追求，真诚地推荐自己。

在校期间，我孜孜不倦，勤奋刻苦，具备护理方面的基本理论、基本知识和基本技能，经过一年的实践，使我在护理技术方面有了丰硕的收获，使我变得更加成熟稳健，专业功底更加扎实。

通过在学校里的努力学习我掌握了大量专业和技术知识，护理操作水平大幅度提高，如：无菌技术，导尿术，灌肠术，下胃管，口腔护理，成人静脉输液，氧气吸入，皮内、皮下、肌肉注射等技术能较为熟练地操作。有较强的独立工作能力。医院的实习经历，让我学会了老护士娴熟的专业技能。各科病房的工作，让我学会了临危不乱，耐心护理，微笑待人，用最大的理性对待病情，怀着最赤诚的爱心去面对患者。

在生活中我把自己锻炼成为一名吃苦耐劳的人，工作热心主动，脚踏实地，勤奋诚实，能独立工作是我对工作的本分，独立思维，身体健康，精力充沛是我能充分发挥潜能的跳台。而且通过医院实习工作，培养了我良好的工作态度和团队意识。

您一刻的斟酌，我一生的选择！诚祝贵单位各项事业蒸蒸日上！

此致

敬礼！

自荐人：李四

图 1-27 "自荐信"效果

1.5 电子表格 Excel 2010 实训

实训 14 电子表格的基本操作

一、实训目标

能够利用 Excel 创建电子表格文档，编辑、修改表格数据以及格式化表格。

二、实训内容

1. 知识点分类练习

（1）创建表格数据：新建空白工作簿，在工作表 Sheet1 中自 A1 单元格起输入图 1–28 所示内容。

编号	设备名称	购入日期	数量	单价	经办人
001	打印机	1996/3/1	3	2400	翁光明
002	显示器	1997/5/8	2	1750	钱宝方
003	计算机	1997/6/20	1	3540	刘嘉明
004	扫描仪	1997/9/21	2	2970	翁光明
005	桌子	1997/10/11	8	240	周甲红
006	吸尘器	1997/11/18	2	670	吴树西
007	传真机	1998/2/14	3	1500	钱宝方

图 1–28 "创建表格"的内容

（2）格式化表格数据：

① 在"经办人"前插入一列，增加"使用部门"字段，用文本填充方法，前 3 个使用部门为"药学系"，后 4 个使用部门为"护理系"。

② 在第一行上方插入一行，合并 A1:G1 单元格，添加标题"设备清单"，并设置标题格式为居中，黄底蓝字，黑体，16 号字，加粗。

③ 设置标题行高 30，并自动调整表格内容各行高及列宽，表格内容水平、垂直居中。

④ 给表格内容设置红色粗实线外框及蓝色细实线内框。

⑤ 设置"单价"列数据保留两位小数，并设置为货币格式：￥---.--。"购入日期"列数据格式为"×年×月×日"。

⑥ 将"单价"高于 1500 元（包括 1500 元）的数据以红色、加粗的效果突出显示，如图 1–29 所示。

⑦ 设置 Sheet1 工作表页面纸张方面为"横向"，左、右页边距各为 1 cm，表格在页面水平居中显示，打印预览。

⑧ 将 Sheet1 工作表更名为"设备清单"，复制"设备清单"工作表到 Sheet3 工作表前面，删除 Sheet3 工作表。

将编辑完成后的文档以"□□□–基本操作.xlsx"为名保存至 E:\□□□文件夹中。

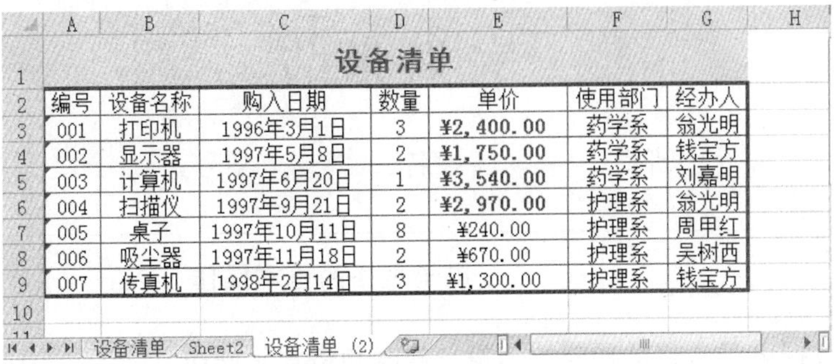

图 1-29 "格式化表格"效果

2. 知识点综合练习

打开"C:\实训\excel\格式化.xlsx"，完成以下操作：

（1）在"格式化表 1"中设置第 1 行行高为 50，并在"工号"列中依次输入字段值 001、002、003……015，将表格页面水平居中，设置横向纸张并重命名工作表名称为"医院员工工资"。

（2）给"格式化表 2"中的 A2:E2 单元格设置标准红色双线的下框线，把"商贸系"全部替换为"药学系"，自动调整各列列宽，并将类别为"大健康系"的单元格以标准蓝色突出显示。

将编辑完成后的文档以"□□□-格式化表格.xlsx"为名保存至 E:\□□□文件夹中。

实 训 报 告

班别：　　　　　姓名：　　　　　学号：

实训名称	电子表格的基本操作
实训目标	掌握电子表格的创建、编辑、修改和格式化操作
实训时间	_____年_____月_____日　　　　星期_____第_____节
实训小结	1. 在 Excel 2010 中保存工作簿时，默认的工作簿文件名是_____。 2. 创建一个 Excel 2010 工作簿文件时，默认打开_____张工作表。 3. 在 Excel 2010，处理的所有数据都保存在_____中。 4. 在 Excel 2010 中，当相邻单元格中要输入相同数据或按某种规律变化的数据时，可以使用_____功能来实现快速输入。 5. 在 Excel 2010 中，修改工作表中文字字体的方法是：首先选定要修改的文字单元格区域，然后右击，在弹出的快捷菜单中选择_____命令。 6. 在 Excel 2010 中，选中两个单元格后使两个单元格合并成一个单元格，正确的操作应该是（　　　）。 　　A. 在"数据"选项卡中单击"合并后居中"按钮 　　B. 在"审阅"选项卡中单击"合并后居中"按钮 　　C. 在"开始"选项卡中单击"合并后居中"按钮 　　D. 在"页面布局"选项卡中单击"合并后居中"按钮 7. 我的心得体会_____ _____ _____ _____ _____ _____ _____。

实训 15　电子表格的数据处理操作

一、实训目标

能利用公式或函数对电子表格数据进行运算；能对数据表进行排序、筛选及分类汇总。

二、实训内容

1. 知识点分类练习

（1）公式与函数计算：打开"C:\实训\excel\5-2-1.xlsx"文件。对"公式或函数"工作表进行以下操作：

① 填入编号内容为 012001、012002、012003……012010。

② 在"水电费"前增加一列"物价补贴"，物价补贴按岗位津贴的 80%发放。

③ 在"水电费"后增加一列"应发工资"，计算出"应发工资"（应发工资=基本工资+岗位津贴+物价补贴-水电费）。

④ 在表格最后增加一行，合并最后一行的"编号""姓名""性别""职称"单元格，输入"合计"，其余单元格为各字段的累计值。

⑤ 在"合计"下方再增加一行，合并最后一行的"编号""姓名""性别""职称"单元格，输入"平均值"，其余单元格为各字段的平均值。

最终效果如图 1-30 所示。

	A	B	C	D	E	F	G	H	I
1	员工工资单								
2	编号	姓名	性别	职称	基本工资	岗位津贴	物价补贴	水电费	应发工资
3	012001	洪国武	男	助教	1034.7	50	40	45.6	1079.1
4	012002	王桂芬	女	副教授	1478.7	90	72	56.6	1584.1
5	012003	刘德明	男	讲师	1310.2	70	56	120.3	1315.9
6	012004	刘乐宏	女	助教	1179.1	50	40	62.3	1206.8
7	012005	王小乐	女	教授	1621.3	110	88	67	1752.3
8	012006	张红艳	女	讲师	1225.7	70	56	36.7	1315
9	012007	王晓兰	女	副教授	1529.3	90	72	93.2	1598.1
10	012008	张军友	男	教授	1634.7	120	96	86	1764.7
11	012009	吴大林	男	讲师	1310.1	70	56	80.9	1355.2
12	012010	陈伟	男	讲师	1250.3	70	56	76.8	1299.5
13	合计				13574.1	790	632	725.4	14270.7
14	平均值				1357.41	79	63.2	72.54	1427.07

图 1-30　"公式与函数计算"效果

（2）排序：对"排序"工作表的数据区域，按"性别"字段进行升序排序。最终效果如图 1-31 所示。

（3）筛选：对"筛选"工作表，按顺序处理数据：

① 在"筛选"工作表中筛选出水电费超过 70 元的男职工记录，把结果保存到一张新的工作表，并把新的工作表名称改为"后勤"。

	A	B	C	D	E	F	G	H	I
1	员工工资单								
2	编号	姓名	性别	职称	基本工资	岗位津贴	物价补贴	水电费	应发工资
3	012001	洪国武	男	助教	1034.7	50	40	45.6	1079.1
4	012003	刘德明	男	讲师	1310.2	70	56	120.3	1315.9
5	012008	张军友	男	教授	1634.7	120	96	86	1764.7
6	012009	吴大林	男	讲师	1310.1	70	56	80.9	1355.2
7	012010	陈伟	男	讲师	1250.3	70	56	76.8	1299.5
8	012002	王桂芬	女	副教授	1478.7	90	72	56.6	1584.1
9	012004	刘乐宏	女	助教	1179.1	50	40	62.3	1206.8
10	012005	王小乐	女	教授	1621.3	110	88	67	1752.3
11	012006	张红艳	女	讲师	1225.7	70	56	36.7	1315
12	012007	王晓兰	女	副教授	1529.3	90	72	93.2	1598.1
13		合计			13574.1	790	632	725.4	14270.7
14		平均值			1357.41	79	63.2	72.54	1427.07

图 1-31 "排序" 效果

② 在"筛选"工作表中筛选出应发工资高于 1300 元的男讲师，把结果保存到一张新的工作表，并把新的工作表名称改为"财务"。

最终效果如图 1-32 所示。

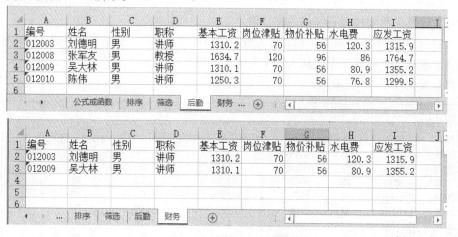

图 1-32 "筛选" 效果

（4）分类汇总：选中"分类汇总"工作表，复制"分类汇总"工作表至"分类汇总（2）"工作表。在"分类汇总"工作表中统计各种职称的平均基本工资、平均水电费、平均应发工资。

编辑完成后以"□□□-数据处理.xlsx"为名保存到 E:\□□□文件夹。最终效果如图 1-33 所示。

2. 知识点综合练习

打开"C:\实训\excel\5-2.xlsx"文件，按顺序完成如下操作：

（1）对工作表"利润表"进行如下设置，最终效果如图 1-34 所示：

① 利用公式或函数计算各种药品的"销售利润"（销售利润=(卖出价-成本价)×销售数量），分别输入 F2:F16 单元格区域，并将结果应用货币式样￥，保留两位小数。

② 用公式或函数分别统计"销售数量"及"销售利润"之和，将结果分别填入 C17 及 F17 单元格中。

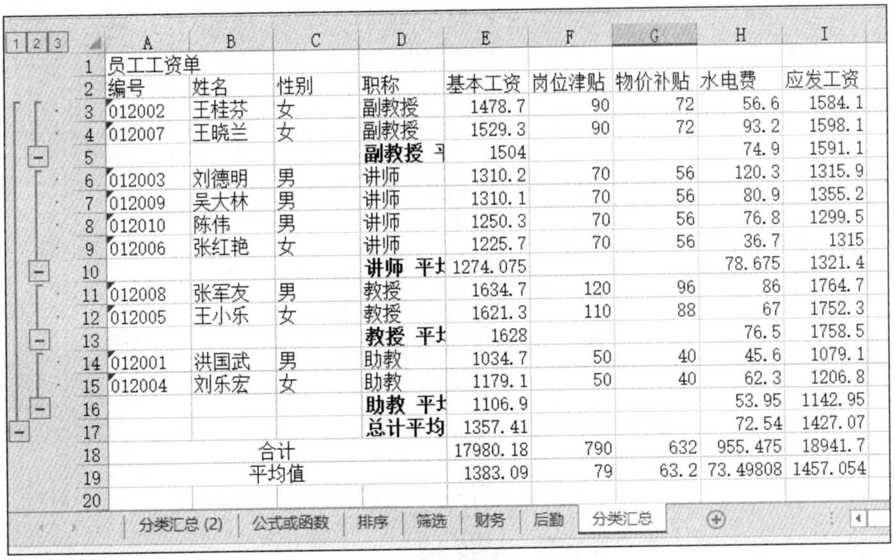

	A	B	C	D	E	F	G	H	I
1	员工工资单								
2	编号	姓名	性别	职称	基本工资	岗位津贴	物价补贴	水电费	应发工资
3	012002	王桂芬	女	副教授	1478.7	90	72	56.6	1584.1
4	012007	王晓兰	女	副教授	1529.3	90	72	93.2	1598.1
5				副教授 平	1504			74.9	1591.1
6	012003	刘德明	男	讲师	1310.2	70	56	120.3	1315.9
7	012009	吴大林	男	讲师	1310.1	70	56	80.9	1355.2
8	012010	陈伟	男	讲师	1250.3	70	56	76.8	1299.5
9	012006	张红艳	女	讲师	1225.7	70	56	36.7	1315
10				讲师 平±	1274.075			78.675	1321.4
11	012008	张军友	男	教授	1634.7	120	96	86	1764.7
12	012005	王小乐	男	教授	1621.3	110	88	67	1752.3
13				教授 平±	1628			76.5	1758.5
14	012001	洪国武	男	助教	1034.7	50	40	45.6	1079.1
15	012004	刘乐宏	女	助教	1179.1	50	40	62.3	1206.8
16				助教 平±	1106.9			53.95	1142.95
17				总计平±	1357.41			72.54	1427.07
18		合计			17980.18	790	632	955.475	18941.7
19		平均值			1383.09	79	63.2	73.49808	1457.054
20									

图 1-33 "分类汇总"效果

③ 在第一行插入一空行，将 A1:G1 合并单元格并添加标题：药品销售利润表，标题居中，字体格式设置：华文行楷、加粗、22 号、蓝色；所有单元格水平方向和垂直方向都居中。

④ 设置单元格区域 A3:G17 边框上、下线为红色双线。

⑤ 将表中的记录按销售利润从高到低重新排列。

	A	B	C	D	E	F	G
1			药品销售利润表				
2	编号	药品名称	销售数量(盒)	成本价	卖出价	销售利润(元)	评价
3	010	云南白药	680	24.3	35	¥7,276.00	
4	011	感康片	300	45.7	67	¥6,390.00	
5	015	肠虫清	280	13	32	¥5,320.00	
6	002	维C银翘片	234	12	27	¥3,510.00	
7	003	去痛片	120	34.5	61	¥3,180.00	
8	014	肠胃康胶囊	420	12	19	¥2,940.00	
9	012	枇杷止咳糖浆	250	31.5	41	¥2,375.00	
10	001	红霉素	150	10	25	¥2,250.00	
11	009	板蓝根冲剂	100	11	27.9	¥1,690.00	
12	006	感冒灵	172	15.2	23	¥1,341.60	
13	004	玉叶解毒冲剂	45	17.8	45.3	¥1,237.50	
14	007	云香精	98	9.5	15.9	¥627.20	
15	005	阿莫西林	62	28	35.7	¥477.40	
16	008	急支糖浆	23	35	42.1	¥163.30	
17	013	小儿感冒冲剂	99	29	30	¥99.00	
18		合计	3033			¥38,877.00	

图 1-34 "利润表"效果

（2）将"利润表"中的 A2:C17 区域复制到工作表 Sheet1 中的 A1 单元格起的区域并将工作表名改为"筛选表"。

（3）在"筛选表"中挑出销售数量在 100~300（包括 100 和 300）之间的记录，并将筛选结果复制到 A20 开始的位置。最终效果如图 1-35 所示。

	A	B	C
1	编号	药品名称	销售数量(盒)
2	010	云南白药	680
3	011	感康片	300
4	015	肠虫清	280
5	002	维C银翘片	234
6	003	去痛片	120
7	014	肠胃康胶囊	420
8	012	枇杷止咳糖浆	250
9	001	红霉素	150
10	009	板蓝根冲剂	100
11	006	感冒灵	172
12	004	玉叶解毒冲剂	45
13	007	云香精	98
14	005	阿莫西林	62
15	008	急支糖浆	23
16	013	小儿感冒冲剂	99
17			
18			
19			
20	编号	药品名称	销售数量(盒)
21	011	感康片	300
22	015	肠虫清	280
23	002	维C银翘片	234
24	003	去痛片	120
25	012	枇杷止咳糖浆	250
26	001	红霉素	150
27	009	板蓝根冲剂	100
28	006	感冒灵	172
29			

清单表　利润表　筛选表　库存表　Sheet1

图 1-35 "筛选表"效果

（4）在"清单表"中统计各季度药品销售数量之和。

（5）删除工作表 Sheet2，最终效果如图 1-36 所示。

	A	B	C	D	E	F
1	福达药业2007产品销售情况汇总表					
2	药店	季度	药品名称	进价	售价	销售数量(盒)
3	同济大药房	第二季度	维C银翘片	14	31.6	123
4	华和大药房	第二季度	维C银翘片	14	31.6	124
5	康全药店	第二季度	红霉素	9	19.8	654
6	福生堂药店	第二季度	阿莫西林	16.5	40	170
7	福生堂药店	第二季度	去痛片	21.2	38	45
8	同济大药房	第二季度	去痛片	21.2	38	126
9		第二季度 汇总				1242
10	康全药店	第三季度	红霉素	9	19.8	456
11	华和大药房	第三季度	玉叶解毒冲剂	8.5	12	36
12	华和大药房	第三季度	去痛片	21.2	38	231
13	同济大药房	第三季度	玉叶解毒冲剂	8.5	12	45
14	福生堂药店	第三季度	阿莫西林	16.5	40	210
15		第三季度 汇总				978
16	同济大药房	第四季度	玉叶解毒冲剂	8.5	12	357
17	康全药店	第四季度	红霉素	9	19.8	73
18	华和大药房	第四季度	维C银翘片	14	31.6	82
19		第四季度 汇总				512
20	福生堂药店	第一季度	去痛片	21.2	38	345
21	华和大药房	第一季度	红霉素	9	19.8	98
22	同济大药房	第一季度	去痛片	21.2	38	75
23	福生堂药店	第一季度	阿莫西林	16.5	40	140
24	平安药店	第一季度	阿莫西林	16.5	40	234
25		第一季度 汇总				892
26		总计				3624
27						

图 1-36 "清单表"效果

编辑完成后以"□□□-5-2.xlsx"为名保存到 E:\□□□文件夹中。

3. 应用练习

打开"C:\实训\excel\5-3.xlsx"文件，按要求进行数据处理：

（1）某单位要组建一支职工足球队，在"职工体检汇总表"中挑出身高 170 cm 以上（含 170 cm）且体重 60 kg 以上（含 60 kg）的男职工记录。

（2）某教师想了解计算机课不及格的情况，在"成绩表"中用红色、加粗倾斜突出显示计算机不及格的分数。

（3）某药业集团想了解 6 月药品的销售情况，在"销售表"中，运用所学的数据处理方法，清晰显示出哪种药品销售总数最多。

（4）某财务处领导想了解职工工资情况，在"工资表"中，运用所学的数据处理方法，清晰显示出哪个部门的平均应发工资最高。

（5）以"□□□-5-3.xlsx"为名保存到 E:\□□□文件夹中，并提交。

实 训 报 告

班别：　　　　　姓名：　　　　　学号：

实训名称	电子表格的数据处理操作
实训目标	掌握常用公式函数的使用、能进行排序、筛选及分类汇总操作
实训时间	_____年_____月_____日　　　星期_____　第_____节
实训小结	1. 在 Excel 2010 中，单元格的名称是由_____来表示的。第 5 行第 4 列的单元格地址应表示为_____。 2. 在 Excel 2010 中，排序和筛选位于_____选项卡。 3. 在 Excel 2010 中，进行分类汇总前必须对数据进行_____。 4. Excel 2010 提供了各种用于计算的函数，其中用于求平均值的函数是_____。 5. 在 Excel 2010 中，公式中的乘号用_____表示。 6. 在 Excel 2010 中，填充柄位于（　　　）。 　　A. 当前单元格的左下角 　　B. 当前单元格的左上角 　　C. 当前单元格的右下角 　　D. 当前单元格的右上角 7. 在 Excel 2010 中，使用公式输入数据，一般在公式前需要加（　　　）。 　　A. = 　　B. 单引号 　　C. $ 　　D. * 8. 我的心得体会_____ _____ _____ _____。

实训 16　电子表格的图表操作

一、实训目的

能够按要求利用数据表中的数据制作图表，并对图表进行格式化设置。

二、实训内容

1. 知识点分类练习

（1）创建图表：打开"C:\实训\excel\5-4-1.xlsx"文件。

① 在 Sheet1（2）中以"姓名"和"基本工资"建立一个三维簇状柱形图。最终效果如图 1-37 所示。

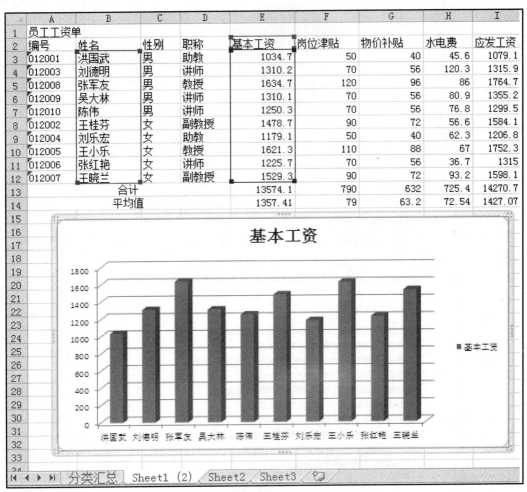

图 1-37　"三维簇状柱形图"效果

② 在工作表"分类汇总"中以各职称的基本工资汇总数据创建一个饼图，要求其"数据标志"为"百分比"。最终效果如图 1-38 所示。

图 1-38 "饼图"效果

编辑完成后以"□□□-创建图表.xlsx"为名保存到 E:\□□□文件夹中。

（2）修改图表：打开"C:\实训\excel\5-4-2.xlsx"文件。

① 在职工基本工资中，为图表更改标题为"职工基本工资图表"，更改图标类型为"三维簇状条形图"，横坐标轴的主要刻度单位为500。最终效果如图 1-39 所示。

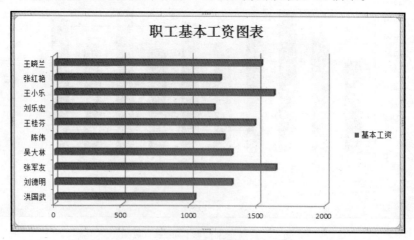

图 1-39 "三维簇状条形图"效果

② 在工作表"分类汇总"中，显示图表标题，标题内容为"各职称平均基本工资占比图"，图例项修改为各职称名称，右边显示。最终效果如图 1-40 所示。

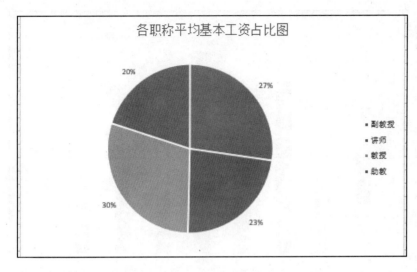

图 1-40 "改变图例"效果

③ 在"图表"工作表中，建立各仪器编号的"库存总价"占比图，如图 1-41 所示。编辑完成后以"□□□-修改图表.xlsx"为名保存到 E:\□□□文件夹。

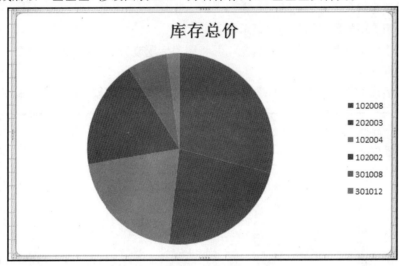

图 1-41 "库存总价"效果

2．知识点综合练习

打开"C:\实训\excel\5-4.xlsx"文件，按下列要求操作：

（1）选取"销售数据表"中的数据创建一个簇状柱形图的图表，以"二月图表"为名作为新的工作表插入，如图 1-42 所示。

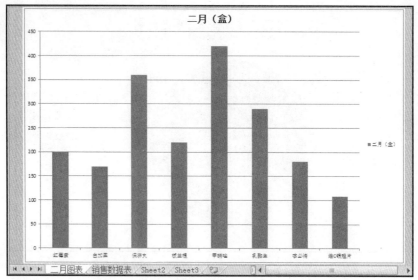

图 1-42　"二月图表"效果

（2）将图表标题的格式设置为楷体、加粗、24 号、红色，将图例置于标题下方，将图表区的背景图案设置为白色大理石的填充效果。

（3）设置图表中的数据标签为"显示值"。

（4）给图表添加一月、三月的销售量，并将图表标题改为"第一季度销量图"，工作表改名为"第一季度图表"。

编辑完成后以"□□□-图表.xlsx"为名保存到 E:\□□□文件夹。最终效果如图 1-43 所示。

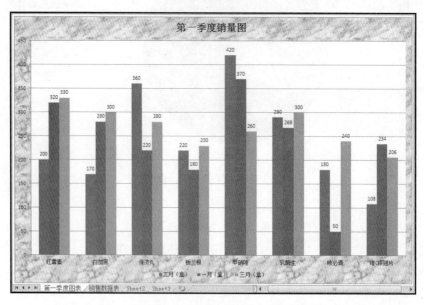

图 1-43　"第一季度图表"效果

3. 应用练习

打开"C:\实训\excel\5-5.xlsx"文件，按要求进行操作：

（1）某药店想了解某药品近期几年的销售情况，在"销售表"中以图表的形式显示 2013—2018 年维 C 银翘片销售数的变化趋势，并嵌入本工作表中。

（2）某财务处领导想了解职工工资情况，在"工资表"中以图表的形式清晰显示出各部门基本工资总数的高低，并嵌入本工作表中。

（3）某药业集团想了解药品的销售情况，在"销售汇总表"中以图表的形式清晰显示出各季度药品销售数量之和的占比关系，并嵌入本工作表中。

（4）以"□□□-5-5.xlsx"为名保存到 E:\□□□文件夹中，并提交。

实 训 报 告

班别：　　　　姓名：　　　　学号：

实训名称	电子表格的图表操作
实训目标	能实现图表制作并进行格式化设置
实训时间	_____年_____月_____日　　　　星期_____第_____节
实训小结	1. 在 Excel 2010 中，使用_____选项卡中的命令来为工作表创建图表。 2. 在 Excel 2010 工作簿中，既有一般工作表又有图表，当执行"保存"命令时，则（　　　）。 　　A. 只保存工作表文件　　　　　　B. 只保存图表文件 　　C. 分别保存　　　　　　　　　　D. 将二者同时保存 3. 在 Excel 2010 中，如果将图表作为工作表插入，则默认的名称为（　　　）。 　　A. 工作表 1　　B. Chart1　　C. Sheet4　　D. 图表 1 4. 在 Excel 2010 中，若要设置图表标题格式，应该（　　　）。 　　A. 双击图表标题 　　B. 在"图表样式"中选择相应命令 　　C. 在"图表布局"中选择相应命令 　　D. 在图表标题上右击，选择相应命令 5. 在 Excel 2010 中，创建图表之后，可以进行的修改不包括（　　　）。 　　A. 添加图表标题 　　B. 移动或隐藏图例 　　C. 更改坐标轴的显示方式 　　D. 修改数据表的数据 6. 我的心得体会_____ _____ _____ _____ _____。

实训 17　Excel 综合练习

一、实训目标

能利用所学知识对电子表格进行格式设置，数据运算与处理，图表制作。

二、实训内容

打开"C:\实训\excel\5-6.xlsx"文件，完成下列操作：

（1）在"汇总表"中，完成下列设置：

① 在"售价（元）"列的右边插入一列"利润（元）"，在第一行上方插入一行，将 A1:G1 单元格合并添加标题"药品利润表"，标题居中，字体为华文行楷、加粗、24 号、红色；并设置除标题外所有单元格的内容水平方向和垂直方向都居中。

② 在"编号"列依次填入 00101、00102、00103……00111，并删除"红霉素片"的记录。

③ 用公式或函数计算出各个药品的利润（利润 =（售价－进价)*数量），结果设置为 ¥ 货币格式，保留两位小数，计算进价、售价的最大值和平均值。

④ 给表格添加红色双线外边框和蓝色单线内框，设置表头为浅绿色底纹，设置所有单元格的行高和列宽为自动调整。

⑤ 把售价高于 12 元的数据用红色、倾斜、加粗的格式来突出显示。

（2）在"排序表"中，将表中的记录按销售数量从高到低进行显示，销售数量相同的药品，按售价从高到低显示。

（3）给"汇总表"建立两个副本，将两个副本分别重命名为"西药销售表"和"统计表"，并删除 Sheet2 表。

（4）在"西药销售表"中，挑出销售数量大于 50 且利润大于 300 元的西药的记录。

（5）在"统计表"中，统计各类别的药品销售利润之和。

（6）利用"中成药销售表"中的数据制作图 1-44 所示的图表，并嵌入本工作表中。

（7）在"汇总表"中，将表格设置为横向打印，表格在页面上水平居中，打印预览。

（8）以"□□□-综合练习.xlsx"为名保存到 E:\□□□文件夹中，并提交。

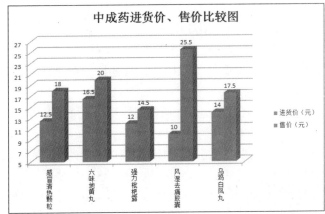

图 1-44　"中成药进货价、售价对比"效果

1.6 演示文稿 PowerPoint 2010 实训

实训 18 PowerPoint 2010 基础操作

一、实训目的

（1）熟悉演示文稿的窗口界面、创建、打开、保存。

（2）能熟练地新建、选择、移动、复制、删除幻灯片。

（3）能熟练地输入文本、插入图片、音频。

（4）能熟练地设置幻灯片的版式、主题、母版。

（5）能够设置幻灯片的切换、动画效果、放映。

（6）体验制作演示文稿作品的流程。

二、实训内容

1. 知识点分类练习

1）新建幻灯片

（1）新建空白演示文稿。

（2）第 1 张幻灯片的版式为"标题幻灯片"，内容设置如下：

① 主标题："我们的青春纪念册"，微软雅黑、40 号。

② 副标题："作者：□□□"，隶书、36 号、蓝色、加粗（注：□□□为学生姓名）

（3）插入 4 张新幻灯片，版式为"图片与标题"。

① 在每张幻灯片的文本占位符输入文字内容。参照图 1-45，文字内容可以从"C:\实训\powerpoint\纪念册\纪念册素材.docx"中找到。

② 在每张幻灯片的图片占位符插入图片。参照图 1-45，图片在"C:\实训\powerpoint\纪念册文件夹"内。

③ 新建第 6 张幻灯片，设置为"空白"版式，插入文本框，并参照图 1-45 录入文字，设置居中，3 倍行距。

2）设计主题

将"药剂师"内置主题应用于所有幻灯片。

3）切换

为第 2～5 张幻灯片设置切换效果"切换"，设置自动换片，换片时间为 6 s。

4）母版设置

进入幻灯片母版视图，在"图片与标题"版式幻灯片右下角加入"校徽"，参照图 1-45。

5）动画

（1）在第 1 张幻灯片中，选中主标题和副标题，设置进入动画：水平随机线条。主标题动画自动播放之后副标题再出现。

（2）为第 2～5 张幻灯片中的图片和文字设置进入动画，图片：自左侧擦除进入。文字：挥鞭式进入。图片和文字同时自动播放。

（3）在第 6 张幻灯片中，对文本框设置进入动画：擦除（按段落），添加强调动画：放大/

缩小。调整适当的持续时间。

6）插入音频

为第 1 张幻灯片添加"老男孩.mp3"音乐。隐藏喇叭，音乐跨幻灯片播放，循环播放，直到停止。

7）保存

将演示文稿以"□□□-纪念册.pptx"为文件名保存于 E 盘中。完成效果如图 1-45 所示。

图 1-45 "青春纪念册"效果

2. 知识点综合练习

打开"C:\实训\powerpoint\医药股份有限公司.pptx"，进行以下操作：

（1）在第 1 张幻灯片的主标题占位符中输入"医药股份有限公司"，文字设置为 48 磅，加粗，删除其他占位符。

（2）同时删除第 3～5 张空白内容幻灯片。

（3）将第 2 张幻灯片设置为"两栏内容"版式，在右边占位符中插入图片"药品.jpg"，并将图片设为"矩形投影"图片样式。

（4）将第 3 张幻灯片移至最末尾。

（5）将第 3 张幻灯片中的 SmartArt 图形移动至合适位置，并给 SmartArt 图形设置"轮子"逐个进入的动画效果，自上一动画之后自动播放。

（6）将第 4 张幻灯片的 5 个段落修改为 1.5 倍行距。

（7）首张幻灯片不设置切换效果，为其他幻灯片添加"揭开"的切换效果，设置自动换片，换片时间为 3 s。

（8）将演示文稿以"□□□-医药公司.pptx"为文件名保存于 E 盘中。完成效果如图 1-46 所示。

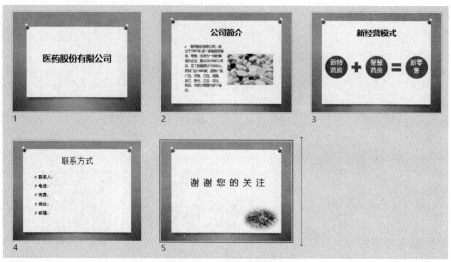

图 1–46 "医药公司"效果

实 训 报 告

班别： 姓名： 学号：

实训名称	PowerPoint 2010 基础操作
实训目标	熟练演示文稿的创建、打开、保存、编辑、排版操作
实训时间	_____年_____月_____日　　　　星期_____　第_____节
实训小结	1. 在 PowerPoint 2010 中，保存演示文稿默认的扩展名是（　　　）。 　　A．.pptx　　　　B．.ppsx　　　　C．.docx　　　　D．.xlsx 2. 在 PowerPoint 2010 中，安排幻灯片对象的布局可选择（　　　）。 　　A．应用设计模板　　　　　　B．幻灯片版式 　　C．背景样式　　　　　　　　D．主题方案 3. PowerPoint 2010 的"设计"选项卡包含（　　　）。 　　A．幻灯片切换、背景和动画方案 　　B．幻灯片版式、主题方案和动画方案 　　C．页面设置、主题方案和背景样式 　　D．页面设置、主题方案和动画方案 4. 在 PowerPoint 软件的使用中，很多的基础操作与 Word 相似，其中_____是大多数操作的前提。 5. 本实训重在幻灯片内容的设计与编辑、排版，主要用到的选项卡有_____、_____、_____、_____，其中特别关注 PowerPoint 中特有的一些功能，如幻灯片版式、设计主题、_____等。 6. 我的心得体会_____ _____ _____ _____ _____。

实训 19　PowerPoint 2010 提高操作

一、实训目的

（1）能熟练地在幻灯片中创建和编辑 SmartArt 图形。

（2）能够在幻灯片中插入图表、表格。

（3）能正确设置动作按钮、超链接等。

二、实训内容

1. 知识点分类练习

（1）打开"C:\实训\powerpoint\广西卫生职业技术学院.pptx"演示文稿。

（2）将主题"市镇"应用于所有幻灯片，主题字体修改为"华丽"。

（3）SmartArt 图形：将第 2 张幻灯片右边占位符里的 3 段文字转换为基本维恩图，清楚表示三者的互连关系，更改颜色为 "彩色范围–强调文字颜色 5 至 6"，修改 SmartArt 样式为"优雅"。

（4）插入表格：在第 4 张幻灯片后插入一张新幻灯片，版式为"标题与内容"，标题输入"单招及对口招生信息"，将以下文字做成表格，并将表格应用"中度样式 3–强调 2"。

专业名称，科类，类型，学费（元）

健康管理专业，文理兼招，单独招生，学费 8000

护理专业，文理兼招，单独招生，学费 8000

药学专业，中职考生，对口招生，学费 8000

卫生信息管理专业，文理兼招，单独招生，学费 7000

（5）插入图表：在第 5 张幻灯片后插入一张新幻灯片，版式为"标题与内容"，在内容占位符中插入簇状柱形图，图表样式应用"样式 36"。标题和数据如表 1–6 所示。

表 1-6　2019 年各专业单独招生计划人数

2019 年各专业单独招生计划人数	
健康管理	60
护理	120
药学	120
卫生信息管理	30

（6）超链接：在第 7 张幻灯片右下角插入形状 "动作按钮：第一张"，链接回首页，并将"广西卫生职业技术学院"这行文字超链接到 www.gxwzy.com.cn。

（7）将演示文稿以 "□□□–卫职院.pptx"为文件名保存于 E 盘中，完成效果如图 1–47 所示。

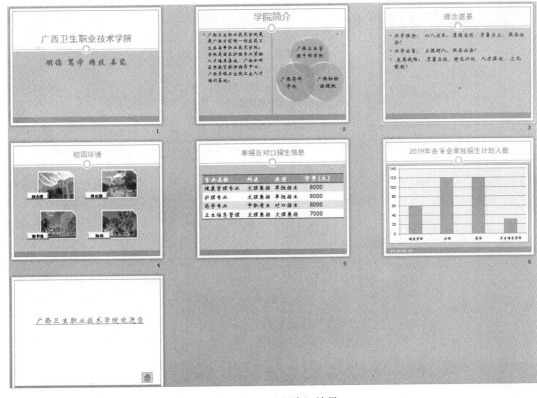

图 1-47 "卫职院"效果

2. 知识点综合练习

（1）新建一个空白演示文稿，命名为"□□□-青秀山.pptx"，此后的操作均基于此文件。

（2）演示文稿包含 7 张幻灯片，第 1、5 张版式为"两栏内容"版式，第 2、3、4 张为"标题和内容"版式，第 6 张为"仅标题"版式，第 7 张为"空白"版式；每张幻灯片中的文字内容，可以从"C:\实训\powerpoint\青秀山\青秀山素材.docx"文件中找到，将其置于适当的位置。

（3）将所有幻灯片应用名称为"流畅"的内置主题；将所有文字的字体统一设置为"幼圆"。

（4）在第 1 张幻灯片中，参考图 1-48 将"首页图.jpg"插入适合的位置，应用"柔化边缘椭圆"的图片样式。

（5）将第 2 张幻灯片中标题下的目录转换为 SmartArt 图形，布局为"垂直曲型列表"，并将该目录链接到相关页。

（6）将第 3 张幻灯片中标题下的文字转换为表格，表格的内容参考图 1-48；表格单元格中的文本水平和垂直方向都居中对齐。

（7）参考图 1-48，调整第 4 张幻灯片内容占位符文本的段落间距为 1.5 倍行距，并添加或取消相应的项目符号。

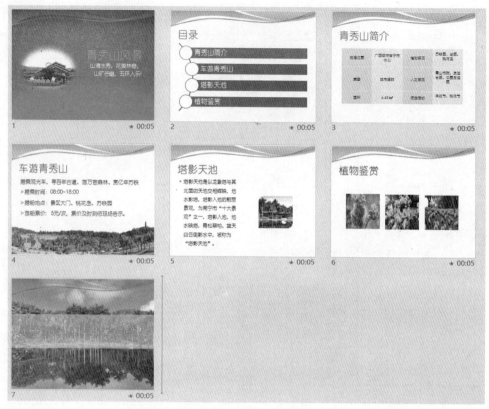

图 1-48　"青秀山"效果

（8）在第 4 张幻灯片中，插入"青秀山文件夹"下的"图片 1.jpg"和"图片 2.jpg"，参考图 1-48，将它们置于幻灯片中合适的位置；将"图片 2.jpg"置于底层，删除"图片 1.jpg 和图片 2.jpg"背景色并调整"图片 1.jpg"的颜色。对"图片 1.jpg"（观光车）应用"动作路径"的自左侧进入动画效果，以便在播放到此张幻灯片时，观光车能自动从左边进入幻灯片。

（9）在第 5 张幻灯片右边占位符中插入"青秀山文件夹"下的"图片 3"，并设置为"圆形对角，白色"图片样式。

（10）在第 6 张幻灯片中，"青秀山文件夹"下的"图片 4.jpg""图片 5.jpg""图片 6.jpg"，参考图 1-48，为其添加适当的图片效果并进行排列，将它们顶端对齐，图片之间的水平间距相等，左右两张图片到幻灯片两侧边缘的距离相等。

（11）在第 7 张幻灯片中，将"青秀山文件夹"下的"图片 7.jpg"设为幻灯片背景，并将幻灯片中的文本应用一种艺术字样式，文本居中对齐，字体为"幼圆"；插入矩形，至于底层，"形状填充"为"白色"，"形状轮廓"为"无"，并调整透明度。

（12）为演示文稿第 2～7 张幻灯片添加"涟漪"的切换效果，首张幻灯片无切换效果；为所有幻灯片设置自动换片，换片时间为 5 s。

（13）将演示文稿以"□□□-青秀山.pptx"为文件名保存于 E 盘中。

实 训 报 告

班别：　　　　姓名：　　　　学号：

实训名称	PowerPoint 2010 提高操作
实训目标	熟练设置链接、动画、切换效果，正确设置放映效果、打包文档
实训时间	_____年_____月_____日　　　　星期_____第_____节
实训小结	1. 在 PowerPoint 2010 中，不能设置动画效果的操作是（　　　　）。 　　A. 使用"动画"选项卡中的"添加动画"命令 　　B. 选择"动画"选项卡中的"动画窗格"命令 　　C. 选择"插入"选项卡中的"动作"命令 　　D. 选择"切换"选项卡中的"切换"命令 2. 在 PowerPoint 2010 中，设置幻灯片放映时的换页效果为垂直百叶窗，应使用幻灯片放映选项卡下的（　　　　）功能。 　　A. 幻灯片切换　　B. 动画方案　　C. 动作按钮　　D. 动作设置 3. 在 PowerPoint 2010 中，若要终止幻灯片的放映，可直接按（　　　　）键。 　　A.【Ctrl+C】　　B.【Alt+F4】　　C.【End】　　D.【Esc】 4. 若要幻灯片内容带有动感的效果，可设置_____；若要在幻灯片间灵活跳转，可设置_____效果；若要在换片时带上过渡效果，可设置_____。 5. 如果不按顺序播放幻灯片，可设置_____效果。 6. 打包演示文稿的目的是_____。 7. 我的心得体会_____ _____ _____ _____ _____ _____。

实训 20　PowerPoint 2010 综合应用

一、实训目标

（1）体验制作 PowerPoint 作品的流程。

（2）能够利用 PowerPoint 2010 软件制作完整的演示文稿作品。

（3）体会好的 PowerPoint 作品应具备的条件（元素）。

二、实训内容

利用 PowerPoint 2010 软件制作一份演示文稿作品，主题自定，如：我的大学生活、我美丽的故乡、感恩……

要求如下：

（1）作品至少包含 6 张幻灯片。

（2）第一张必须是引导页（写明主题、作者等）。

（3）第二张要求为目录页。

（4）主题突出、内容翔实，文字描述恰当，素材选择得当。

（5）版面设计美观，布局合理，内容展示清晰。

（6）恰当地运用链接、动画、切换效果突出主题内容。

（7）正确地保存、打包演示文稿，确保作品能顺利、流畅地播放。

实 训 报 告

班别: 姓名: 学号:

实训名称	PowerPoint 2010 综合应用
实训目标	能制作完整的演示文稿作品
实训时间	_____年_____月_____日 星期_____第_____节
实训小结	1. 制作演示文稿作品的流程一般分为 4 个步骤：_____，_____，_____，_____。 2. 设计制作幻灯片内容及选择素材时，应_____。 3. 设计制作幻灯片版面时，应_____。 4. 设计制作动感效果时，应_____。 5. 我的心得体会_____ _____ _____ _____ _____ _____ _____ _____ _____ _____ _____ _____ _____ _____。

实训 21　PowerPoint 综合练习 1

一、实训目标

能够充分利用 PowerPoint 模块中所学的知识点完成对演示文稿的编辑。

二、实训内容

新建一个空白演示文稿，幻灯片页面设置为"全屏显示 16:9"，命名为"□□□-水仙.pptx"，此后的操作均基于此文件。

（1）第 1 张版式为"标题幻灯片"，主标题为：凌波仙子，副标题为：——水仙 。

（2）第 2 张版式为"标题和内容"，标题为：水仙。占位符插入流程 SmartArt "连续块状流程"作为目录，内容输入：水仙花养法、品种分类。样式为：中等效果。适当调整 SmartArt 的大小。

（3）第 3 张版式为"比较"，标题为：水仙花养法。文本内容如图 1-49 所示。

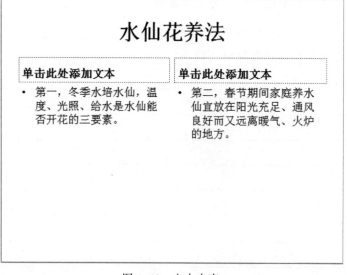

图 1-49　文本内容

（4）第 4 张版式为"标题和内容"，标题为：中国水仙品种特性。把下列内容做成表格放在内容占位符中。表格内容居中。

一种是金盏银台，单瓣，清香浓郁；另一种是玉玲珑，重瓣，花姿美丽。

（5）第 5 张版式为"两栏内容"，标题为：品种分类。左栏内容使用占位符插入柱形图表，图表内容为"单瓣型 6 瓣，重瓣型 12 瓣"，并设置图表标题为无，显示数据标签，横网格线为无，图表样式为样式 6。右栏内容使用占位符插入"C:\实训\powerpoint\综合练习 1\水仙.jpg"图片，图片样式为：圆形对角、白色。

（6）第 6 张版式为"空白"，内容为"谢谢观赏"，适当调整字体大小位置，给文字创建超链接，链接到第 1 张幻灯片。

（7）给所有幻灯片设计主题"凤舞九天"。

（8）给第 1 张幻灯片的标题设置"出现"动画，动画文本效果设为：按字母出现。

（9）给所有幻灯片设置"揭开"切换，效果为：自顶部，换片方式为每隔 4 s 自动播放。

（10）给第 1 张幻灯片插入音乐"背景音乐.mp3"，播放设置为"开始:自动"。

（11）使用幻灯片母版功能把"凤舞九天"主题内置字体改为微软雅黑。

（12）保存并退出。

实训 22　PowerPoint 综合练习 2

一、实训目标

能够充分利用 PowerPoint 模块中所学的知识点完成对演示文稿的编辑。

二、实训内容

复仇者联盟医药公司推广部部长金小刚拟定于下周召开产品推介会，面向客户群介绍新药：藿香正气液。为了增强演讲效果，让客户对药品情况印象深刻，金小刚开始准备辅助演讲的演示文稿。演示文稿的设计方案如下：

1. 内容

片头：产品推介会（藿香正气液）

（1）性状与成分：

规格：本品为棕色的澄清液体；味辛、微甜。

成分：苍术、陈皮、厚朴（姜制）、白芷、茯苓、大腹皮、生半夏、甘草浸膏、广藿香油、紫苏叶油。辅料为聚山梨酯-80、肉桂油。

（2）功效与用法：

药品类型：非处方药。

主要功效：解表化湿，理气和中。

适用病症：用于呕吐，泄泻，感冒，中暑。

用法用量：口服。一日 2 次，用时摇匀。

（3）销售情况：

销售数据如图 1-50 所示。

	A	B	C	D
1	年份	门店销量	网店销量	
2	2010	150	20	
3	2012	160	50	
4	2015	30	130	
5	2017	50	230	
6				

图 1-50　销售数据

（4）联系方式：

http://www.***.com.cn

片尾：我们郑重承诺，遵守法规，规范生产，品质保证，诚信制药。

2. 动画效果

（1）目录幻灯片：目录内容自动淡出，持续时间 5 s。

（2）封底幻灯片："我们郑重承诺，遵守法规"自动自左侧飞入，同时"规范生产，品质保证，诚信制药"自动自右侧飞入；持续时间 3 s。

3. 切换方式

除封面幻灯片以外，其他页设置单击时淡出。

（所有素材均在"C:\实训\powerpoint\综合练习 2"文件夹内）

将以上内容制作成演示文稿，可播放"产品推介会.ppsx"观看效果，最后保存为"□□□-产品推介会.pptx"。

4. 演示文稿完成效果

第 1 页：封面幻灯片，如图 1-51 所示。

图 1-51　封面幻灯片

第 2 页：目录幻灯片，如图 1-52 所示。

图 1-52　目录幻灯片

第 3～6 页：内容幻灯片，如图 1-53～图 1-56 所示。

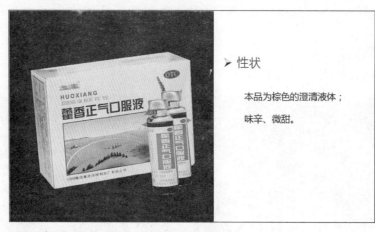

图 1-53　性状

图 1-54　成分

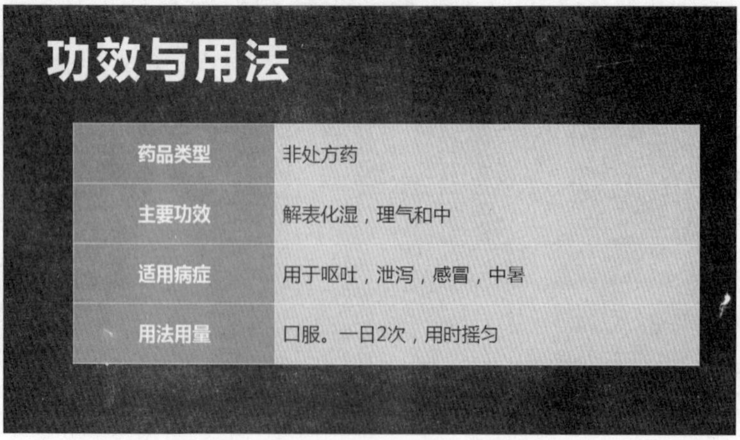

功效与用法

药品类型	非处方药
主要功效	解表化湿，理气和中
适用病症	用于呕吐，泄泻，感冒，中暑
用法用量	口服。一日2次，用时摇匀

图 1-55　非处方药

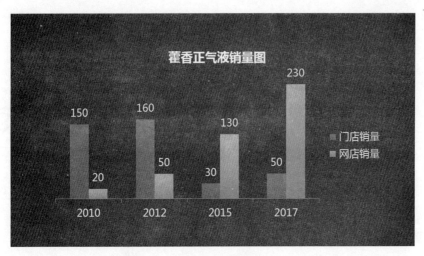

图 1-56 销量

第 7 页：封底幻灯片，如图 1-57 所示。

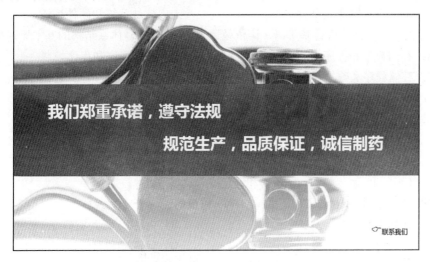

图 1-57 封底幻灯片

第二部分　理论习题及参考答案

理 论 习 题

2.1　计算机概论

1. 一个完整的计算机系统包括（　　　）。
   - A. 主机、键盘、鼠标和显示器
   - B. 硬盘系统和操作系统
   - C. 主机和它的外围设备
   - D. 软件系统和硬件系统

2. 世界上第一台计算机是基于冯·诺依曼原理,冯·诺依曼体系结构的基本原理是(　　　)。
   - A. 存储数据和程序控制
   - B. 存储程序和程序控制
   - C. 存储程序和数据控制
   - D. 存储程序和运算控制

3. 冯·诺依曼提出的计算机体系结构中的五大组成部分是（　　　）。
   - A. CPU、硬盘、显示器、键盘和鼠标
   - B. 控制器、运算器、存储器、输入和输出设备
   - C. 主机、光驱、显示器、键盘和鼠标
   - D. CPU、硬盘、光驱、显示器和键盘

4. CPU 是计算机的核心，它是由（　　　）组成的。
   - A. 运算器和控制器
   - B. 内存和外存
   - C. 输入设备和输出设备
   - D. 运算器和存储器

5. 计算机的中央处理器只能直接调用（　　　）中的数据。
   - A. 硬盘
   - B. 内存
   - C. 光盘
   - D. U 盘

6. 硬盘中的数据需（　　　）中，CPU 才能使用。
   - A. 调入光盘
   - B. 调入 U 盘
   - C. 调入外存
   - D. 调入内存

7. 计算机主（内）存储器一般是由（　　　）组成。
   - A. ROM
   - B. RAM
   - C. ROM 和 RAM
   - D. RAM 和硬盘

8. 关机后，RAM 和 ROM 中的信息分别（　　　）。
   - A. 不丢失，完全丢失
   - B. 完全丢失，大部分丢失
   - C. 少量丢失，完全丢失
   - D. 完全丢失，不丢失

9. 内存与外存的主要不同在于（　　　）。
   - A. CPU 可以直接处理内存中的信息，速度快，存储容量大；外存则相反

　　B．CPU 可以直接处理内存中的信息，速度快，存储容量小；外存则相反

　　C．CPU 不能直接处理内存中的信息，速度慢，存储容量大；外存则相反

　　D．CPU 不能直接处理内存中的信息，速度慢，存储容量小；外存则相反

10. 在微型计算机中，bit 的中文含义是（　　　　）。

　　A．二进制位　　　　　B．字节　　　　　　　C．字　　　　　　　D．双字

11. 以下存储器存储容量的最大的单位是（　　　　）。

　　A．MB　　　　　　　B．GB　　　　　　　C．TB　　　　　　D．KB

12. KB 是度量存储器容量大小的常用单位之一，1 KB=（　　　　）。

　　A．1 024 个字　　　　　　　　　　B．1 024 字节

　　C．1 000 字节　　　　　　　　　　D．1 000 个二进制位

13. 存储器存储容量的基本单位是（　　　　）。

　　A．字　　　　　　　B．字节　　　　　　　C．位　　　　　　D．千字节

14. 下列描述中，正确的是（　　　　）。

　　A．1 KB=1 000 B　　　　　　　　B．1 MB=1 024 KB

　　C．1 KB=1 024 MB　　　　　　　D．1 GB=1 000 MB

15. 计算机硬件一般包括（　　　　）和外围设备。

　　A．运算器和控制器　　　　　　　B．存储器

　　C．主机　　　　　　　　　　　　D．中央处理器

16. 微型计算机的主机通常由（　　　　）组成。

　　A．显示器、机箱、键盘和鼠标　　　B．机箱、输入设备和输出设备

　　C．CPU、内存储器及一些配件　　　D．硬盘、U 盘和内存

17. 计算机系统只有硬件而没有软件（　　　　）。

　　A．完全不能工作　　　　　　　　B．部分不能工作

　　C．完全可以工作　　　　　　　　D．部分可以工作

18. 决定计算机性能的重要部件是（　　　　）。

　　A．CPU　　　　　　B．硬盘　　　　　　　C．显示器　　　　　D．键盘

19. （　　　　）是中央处理器的简称。

　　A．RAM　　　　　　B．CPU　　　　　　　C．控制器　　　　　D．运算器

20. 具有多媒体功能的微机系统常用 CD-ROM 作为外存储器，它是（　　　　）。

　　A．只读大容量 U 盘　　　　　　　B．只读光盘存储器

　　C．只读硬盘　　　　　　　　　　D．只读内存储器

21. 下列（　　　　）是 CPU 的主要性能参数。

　　A．工作频率、核心数、线程数　　　B．工作频率、分辨率、容量

　　C．工作频率、质量、容量　　　　　D．转速、分辨率、质量

22. 下列（　　　　）是内存的主要性能参数。

　　A．工作频率和核心数　　　　　　B．质量和容量

　　C．核心数和容量　　　　　　　　D．工作频率和容量

23. 以下不属于移动存储介质的是（　　　）。

　　A. U 盘　　　　　　B. 移动硬盘　　　　　C. 光驱　　　　　　D. 光盘

24. 在电脑城购置计算机时，商家向你推荐 500 G 的硬盘，500 G 指的是（　　　）。

　　A. 存储空间　　　　B. 存储速度　　　　　C. 硬盘品牌　　　　D. 硬盘外观

25. 下列（　　　）是硬盘的主要性能参数。

　　A. 容量和转速　　　　　　　　　　B. 分辨率和容量

　　C. 转速和分辨率　　　　　　　　　D. 工作频率和容量

26. 光盘是一种（　　　）。

　　A. 内存储器　　　　B. 外存储器　　　　　C. 中央处理器　　　D. 通信设备

27. 在计算机上插 U 盘的接口通常是（　　　）标准接口。

　　A. UPS　　　　　　B. USP　　　　　　　C. UBS　　　　　　D. USB

28. USB 接口不可以直接插入（　　　）。

　　A. U 盘　　　　　　B. 移动硬盘　　　　　C. 鼠标　　　　　　D. 网线

29. 下面所列出的设备中，（　　　）是输入设备。

　　A. 打印机　　　　　B. 绘图仪　　　　　　C. 扫描仪　　　　　D. 显示器

30. 以下不属于计算机硬件的是（　　　）。

　　A. 键盘　　　　　　B. 显示器　　　　　　C. 鼠标　　　　　　D. 操作系统

31. 右手食指在键盘上的基准键是（　　　）。

　　A.【D】　　　　　　B.【F】　　　　　　　C.【G】　　　　　　D.【J】

32. 不同的外围设备必须通过不同的（　　　）才能与主机相连。

　　A. 接口电路　　　　B. 电脑线　　　　　　C. 设备　　　　　　D. 插座

33. 键盘上英文字母的大小写切换键是（　　　）。

　　A.【Enter】　　　　B.【Ctrl】　　　　　C.【Delete】　　　D.【CapsLock】

34. 左手食指在键盘上的基准键是（　　　）。

　　A.【D】　　　　　　B.【F】　　　　　　　C.【G】　　　　　　D.【J】

35. 微型计算机必不可少的输入和输出设备是（　　　）。

　　A. 键盘和显示器　　　　　　　　　B. 键盘和鼠标

　　C. 显示器和打印机　　　　　　　　D. 鼠标和打印机

36. 下面设备不属于输入设备的是（　　　）。

　　A. 鼠标　　　　　　B. 扫描仪　　　　　　C. 键盘　　　　　　D. 打印机

37. 要玩高清的 3D 游戏，看高清视频，做高端 3D 设计，需要（　　　）。

　　A. 购买并安装独立网卡　　　　　　B. 购买并安装独立显卡

　　C. 购买并安装独立声卡　　　　　　D. 购买并安装无线鼠标

38. 以下计算机系统的部件（　　　）不属于外围设备。

　　A. 键盘　　　　　　B. 打印机　　　　　　C. 中央处理器　　　D. 硬盘

39. 显示器的（　　　）越高，显示的图像越清晰。

　　A. 对比度　　　　　B. 亮度　　　　　　　C. 对比度和亮度　　D. 分辨率

40. 下列显示器的分辨率最高的是（　　）。
    A. 300×200　　　B. 600×350　　　C. 640×480　　　D. 1 024×768

41. 软件一般分为（　　）两大类。
    A. 操作系统和 Office
    B. 系统软件和应用软件
    C. 系统软件和管理软件
    D. Windows 和 Office

42. 以下的论述中，正确的说法是（　　）。
    A. 软件没有著作权，不受法律保护
    B. 应当使用自己花钱买来的软件
    C. 所有软件都可以自由复制和传播
    D. 受法律保护的计算机软件不能随便复制

43. 最基础最重要的系统软件是（　　），缺少它，计算机系统将无法工作。
    A. 编辑程序　　　B. 操作系统　　　C. 语言处理程序　　　D. 应用软件包

44. 以下不属于应用软件的是（　　）。
    A. 腾讯 QQ　　　B. Windows 7　　　C. 微软 Office　　　D. 淘宝客户端

45. 以下不属于系统软件的是（　　）。
    A. Windows XP　　　B. Windows 7　　　C. Windows 8　　　D. 微软 Office

46. 下载软件时，尽量去（　　）。
    A. 随便找个网站下载
    B. 官方网站下载
    C. 第三方网站下载
    D. QQ 群里发的网址下载

47. 应用软件是指（　　）。
    A. 所有能够用的软件
    B. 所有计算机都要用的软件
    C. 能被各单位共同使用的软件
    D. 针对各类应用的专门问题而开发的软件

48. 下列各组软件中，都属于应用软件的是（　　）。
    A. 图书管理软件、Windows、C/C++
    B. Photoshop、Flash、QQ
    C. Access、UNIX、QQ
    D. Windows、Word

49. 安装软件时，应该（　　），避免安装捆绑软件或"软件全家桶"。
    A. 在安装界面一直单击"下一步"按钮
    B. 安装进度条过半后，直接取消安装
    C. 安装完毕后重启计算机
    D. 进入安装界面后，应先将捆绑的推荐软件的对钩去掉，再进行安装；安装进度条
       完成后，也应先将捆绑的推荐软件的对钩去掉，再单击"完成"按钮。

50. 计算机系统软件的主要功能是（　　）。
    A. 对生产过程中大量的数据进行运算
    B. 管理和应用计算机系统资源
    C. 模拟人脑进行思维、学习
    D. 帮助工程师进行工程设计

51. 计算机的应用范围广、自动化程度高是由于（　　）。

A. 设计先进，元件质量高 　　　　B. CPU 速度快，功能强

C. 内部采用二进制方式工作 　　　　D. 采用程序控制工作方式

52. 计算机中的数据是指（　　　）。

   A. 一批数字形式的信息

   B. 一个数据分析

   C. 程序、文稿、数字、图像、声音等信息

   D. 程序及其有关的说明资料

53. 公司里使用计算机计算、管理工资，是属于计算机的（　　　）应用领域。

   A. 科学计算 　　　B. 辅助设计 　　　C. 数据处理 　　　D. 实时控制

54. 计算机用于教学和训练，称为（　　　）。

   A. CAD 　　　B. CAPP 　　　C. CAI 　　　D. CAM

55. 以二进制和控制为基础的计算机结构是由（　　　）最早提出来的。

   A. 布尔 　　　B. 巴贝奇 　　　C. 冯·诺依曼 　　　D. 图灵

56. 第一台通用电子数字计算机 ENIAC 诞生于（　　　）年。

   A. 1927 　　　B. 1936 　　　C. 1946 　　　D. 1951

57. 微型计算机的发展是以（　　　）技术为标志。

   A. 操作系统 　　　B. 微处理器 　　　C. 高级语言 　　　D. 内存

58. 个人计算机属于（　　　）。

   A. 大型计算机 　　　B. 中型计算机 　　　C. 小型计算机 　　　D. 微型计算机

59. CAD 的含义是（　　　）。

   A. 计算机科学计算 　　　　B. 办公自动化

   C. 计算机辅助设计 　　　　D. 计算机辅助教学

60. 计算机部采用（　　　）数字进行计算。

   A. 二进制 　　　B. 八进制 　　　C. 十进制 　　　D. 十六进制

61. 下列数据中，有可能是八进制数的是（　　　）。

   A. 408 　　　B. 677 　　　C. 659 　　　D. 802

62. 十进制数 56 转换成二进制数是（　　　）。

   A. 111000 　　　B. 111001 　　　C. 101111 　　　D. 11011

63. 二进制数 1101 转换成十进制数是（　　　）。

   A. 10 　　　B. 11 　　　C. 12 　　　D. 13

64. 十六进制数 2A3C 转换成十进制数是（　　　）。

   A. 10820 　　　B. 16132 　　　C. 10812 　　　D. 11802

65. 下列 4 个不同的进制数中，最小的是（　　　）。

   A. 二进制数 1011011 　　　　B. 八进制数 133

   C. 十六进制数 5A 　　　　D. 十进制数 91

66. 在计算机中，英文字符的比较就是比较它们的（　　　）。

   A. 大小写值 　　　B. 输出码值 　　　C. 输入码值 　　　D. ASCII 码值

67. 英文字母 A 的 ASCII 码值为十进制数 65，英文字母 E 的 ASCII 码值为十进制数（   ）。

    A. 67   B. 68   C. 69   D. 70

68. 下列描述中，正确的是（   ）。

    A. 1 KB=1 000 bit   B. 1 TB=1 024 GB   C. 1 GB=1 024 Mb   D. 1 KB=1 000 MB

69. 在计算机中，CPU 访问速度最快的存储器是（   ）。

    A. 光盘   B. 内存储器   C. U 盘   D. 硬盘

70. 一个完整的计算机系统包括（   ）两大部分。

    A. 主机和外围设备   B. 硬件系统和软件系统

    C. 硬件系统和操作系统   D. 指令系统和系统软件

71. 微机中运算器的主要功能是进行（   ）运算。

    A. 算术   B. 逻辑   C. 算术和逻辑   D. 函数

72. 关于输入设备不正确的说法是（   ）。

    A. 扫描仪将图形信息转换为 0、1 数码串

    B. 键盘可以输入数字、文字符号和图形

    C. 鼠标将用户操作信息转换成 0、1 代码串并传给计算机

    D. 数码照相机将景物图像转换成数字信号存储

73. CPU 是计算机的核心部件，它能（   ）。

    A. 正确高效地执行预先安排的命令   B. 直接为用户解决各种实际问题

    C. 直接执行用任何高级语言编写的程序   D. 完全决定整个微机系统的性能

74. 用高级语言编写的程序（   ）。

    A. 只能在某种型号的计算机上执行

    B. 无须经过编译或解释，即可被计算机直接执行

    C. 具有通用性和可移植性

    D. 几乎不占用内存空间

75. 计算机的基本指令由（   ）两部分构成。

    A. 操作码和操作数地址码   B. 操作码和操作数

    C. 操作数和地址码   D. 操作指令和操作数

76. 以下关于计算机指令的说法中，不正确的是（   ）。

    A. 计算机所有基本指令的集合构成了计算机的指令系统

    B. 不同指令系统的计算机的软件相互不能通用是因为基本指令的条数不同

    C. 加、减、乘、除四则运算是每一种计算机都具有的基本指令

    D. 用不同程序设计语言编写的程序都要转换为计算机的基本指令才能执行

77. 软件包括（   ）。

    A. 程序和指令   B. 程序和文档

    C. 命令和文档   D. 算法及数据结构

78. 计算机能直接执行由（　　　）编写的程序。

    A. 机器语言　　　　B. 汇编语言　　　　C. C 语言　　　　D. 高级语言

79. 解释程序的功能（　　　）。

    A. 将高级语言程序转换为目标程序　　　　B. 解释执行高级语言程序

    C. 将汇编语言程序转换为目标程序　　　　D. 解释执行汇编语言程序

80. 微机的接口卡位于（　　　）之间。

    A. CPU 与内存　　　　　　　　　　　　B. 内存与总线

    C. CPU 与外围设备　　　　　　　　　　D. 外围设备与总线

81. 显示器的分辨率高低表示（　　　）。

    A. 在同一字符面积下，像素点越多，分辨率越低

    B. 在同一字符面积下，像素点越多，显示的字符越不清晰

    C. 在同一字符面积下，像素点越多，分辨率越高

    D. 在同一字符面积下，像素点越少，字符的分辨效果越好

82. 运算器的核心部件是（　　　）和若干高速寄存器。

    A. 乘法器　　　　　B. 除法器　　　　C. 减法器　　　　D. 加法器

83. 下列描述中，正确的是（　　　）。

    A. 激光打印机是击打式打印机

    B. 针式打印机的打印速度最快

    C. 喷墨打印机的打印质量高于针式打印机

    D. 喷墨打印机的价格比较昂贵

84. 按【Ctrl + Alt + Delete】组合键是对系统进行（　　　）操作。

    A. 热启动　　　　　B. 冷启动　　　　C. 复位启动　　　　D. 停电

85. 对于硬盘驱动器，（　　　）说法是错误的。

    A. 内部封装刚性硬盘，不会破碎，搬运时不必像显示器那样注意避免震动

    B. 耐震性差，要避免震动

    C. 内部封装多张盘片，存储容量比光盘大得多

    D. 不易损坏，数据可永久保留

86. 光驱的倍数越大，（　　　）。

    A. 数据传输速度越快　　　　　　　　　B. 纠错能力越强

    C. 所能读取光盘的容量越大　　　　　　D. 播放 DVD 效果越好

87. 下列因素中，对微型计算机工作影响最小的是（　　　）。

    A. 磁场　　　　　　B. 温度　　　　C. 湿度　　　　D. 噪声

88. 计算机的操作系统属于（　　　）。

    A. 应用软件　　　　　　　　　　　　　B. 语言编译程序和调度程序

    C. 系统软件　　　　　　　　　　　　　D. 视窗操作程序

89. 操作系统的主要作用是（　　　）。

    A. 把源程序译成目标程序

　　　B. 方便用户进行数据管理

　　　C. 管理和调度计算机系统的硬件和软件资源

　　　D. 实现软硬件的转接

90. 64 位计算机中的 64 是指计算机（　　）。

　　　A. 能同时处理 64 位二进制数　　　　　B. 能同时处理 64 位十进制数

　　　C. 具有 64 条数据总线　　　　　　　　D. 运算精度可达小数点后 64 位

91. 由计算机来完成产品设计中的计算、分析、模拟和制图等工作，通常称为（　　）。

　　　A. 计算机辅助测试　　　　　　　　　　B. 计算机辅助设计

　　　C. 计算机辅助制造　　　　　　　　　　D. 计算机辅助教学

92. 源程序就是（　　）。

　　　A. 用高级语言或汇编语言写的程序　　　B. 用机器语言写的程序

　　　C. 由程序员编写的程序　　　　　　　　D. 由用户编写的程序

93. 计算机存储器中的 Cache 是（　　）。

　　　A. 只读存储器　　　　　　　　　　　　B. 可擦除可再编程只读存储器

　　　C. 可编程只读存储器　　　　　　　　　D. 高速缓冲存储器

94. 把硬盘上的数据传送到计算机的内存中去，称为（　　）。

　　　A. 打印　　　　　　B. 写盘　　　　　　C. 输出　　　　　　D. 读盘

95. 下面的描述中，正确的是（　　）。

　　　A. 外存中的信息，可直接被 CPU 处理

　　　B. 计算机使用的汉字内码和 ASCII 码是一样的

　　　C. 键盘是输入设备，显示器是输出设备

　　　D. 操作系统是应用软件

96. 下列设备组中，完全属于计算机输出设备的一组是（　　）。

　　　A. 打印机、显示器、键盘　　　　　　　B. 打印机、键盘、鼠标

　　　C. 键盘、鼠标、扫描仪　　　　　　　　D. 打印机、绘图仪、显示器

97. 计算机不能正常工作时，与以下（　　）无关。

　　　A. 硬件配置达不到要求　　　　　　　　B. 软件中含有错误

　　　C. 使用者操作不当　　　　　　　　　　D. 环境噪声太大

98. 用计算机进行语言翻译和语言识别，按计算机应用的分类，它应属于（　　）。

　　　A. 科学计算　　　　B. 辅助设计　　　　C. 人工智能　　　　D. 实时控制

99. 目前打印质量最好的打印机是（　　）。

　　　A. 激光打印机　　　　　　　　　　　　B. 针式打印机

　　　C. 喷墨打印机　　　　　　　　　　　　D. 热敏打印机

2.2　Windows 7 操作系统

1. 关于操作系统的作用，正确的说法是（　　）。

　　　A. 与硬件的接口　　　　　　　　　　　B. 把源程序翻译成机器语言程序

C. 进行编码转换   D. 控制和管理系统资源

2. Windows 7 不能实现的功能是（   ）。

    A. 处理器管理   B. 存储管理   C. 文件管理   D. CPU 超频

3. 在计算机系统中，操作系统的主要功能不包括（   ）。

    A. 管理系统的软硬件资源   B. 提供方便友好的用户接口

    C. 消除计算机病毒的侵害   D. 提供软件的开发与运行环境

4. Windows 7 是一种（   ）。

    A. 工具软件   B. 操作系统   C. 字处理软件   D. 图形软件

5. 我们通常所说的"裸机"指的是（   ）。

    A. 只装备有操作系统的计算机   B. 未装备任何软件的计算机

    C. 计算机主机暴露在外   D. 不带输入/输出设备的计算机

6. 操作系统的作用是（   ）。

    A. 将源程序翻译成目标程序

    B. 控制和管理计算机系统的各种硬件和软件资源的使用

    C. 负责诊断机器的故障

    D. 负责外设与主机之间的信息交换

7. 操作系统是一种（   ）。

    A. 应用软件   B. 系统软件   C. 工具软件   D. 调试软件

8. 操作系统是（   ）的接口。

    A. 主机和外设   B. 系统软件和应用软件

    C. 用户和计算机硬件   D. 高级语言和机器语言

9. Windows 7 操作系统是一个（   ）操作系统。

    A. 单用户、单任务   B. 多用户、多任务

    C. 单用户、多任务   D. 多用户、单任务

10. 以下（   ）不是 Windows 7 桌面上固有的图标。

    A. 计算机   B. 网络   C. 360 安全卫士   D. 回收站

11. 在 Windows 7 中如果要新增或删除程序，可在控制面板上选用（   ）功能。

    A. 管理工具   B. 程序和功能   C. 性能信息和工具   D. 系统

12. Windows 桌面图标实质上是（   ）。

    A. 程序   B. 文本文件   C. 快捷方式   D. 文件夹

13. 在 Windows 中删除某程序的快捷方式图标，表示（   ）。

    A. 既删除了图标，又删除了程序

    B. 隐藏了图标，删除了与该程序的联系

    C. 将图标存在剪贴板，同时删除了与该程序的联系

    D. 只删除了图标，而没有删除该程序

14. Windows 中，复制命令的快捷键是（   ）。

    A.【Ctrl+V】   B.【Ctrl+C】   C.【Ctrl+X】   D.【Ctrl+Z】

15. 在 Windows 7 中，用鼠标选中不连续的文件的操作是（　　　）。

    A. 单击一个文件，然后单击另一个文件

    B. 双击一个文件，然后双击另一个文件

    C. 单击一个文件，然后按住【Ctrl】键单击另一文件

    D. 单击一个文件，然后按住【Shift】键单击另一文件

16. Windows 7 窗口菜单命令后带有"…"，表示（　　　）。

    A. 它有下级菜单 　　　　　　　　 B. 选择该命令可打开对话框

    C. 文字太长，没有全部显示 　　　 D. 暂时不可用

17. 下列操作中，（　　　）操作能关闭应用程序。

    A. 按【Alt+F4】组合键

    B. 右击应用程序窗口右上角的"关闭"按钮

    C. 选择"文件"→"保存"命令

    D. 单击任务栏中的窗口图标

18. 永久删除文件或文件夹的方法是：单击"删除"按钮或【Delete】键的同时按（　　　）键。

    A.【Ctrl】 　　　 B.【Shift】 　　　 C.【Alt】 　　　 D.【Tab】

19. 关于 Windows 7 的文件类型和关联，以下说法不正确的是（　　　）。

    A. 一种文件类型可不与任何应用程序关联

    B. 一种文件类型只能与一个应用程序关联

    C. 一般情况下，文件类型由文件扩展名标识

    D. 一种文件类型可以与多个应用程序关联

20. Windows 7 的文件夹系统采用的结构是（　　　）。

    A. 树形结构 　　　　　　　　　　 B. 层次结构

    C. 网状结构 　　　　　　　　　　 D. 嵌套结构

21. Windows 7 中选择多个不连续的文件要使用（　　　）键。

    A.【Shift+Alt】 　　　　　　　　 B.【Shift】

    C.【Shift】+单击 　　　　　　　　 D.【Ctrl】+单击

22. 在 Windows 下，当一个应用程序窗口被最小化后，该应用程序（　　　）。

    A. 终止运行 　　　　　　　　　　 B. 暂停运行

    C. 继续在后台运行 　　　　　　　 D. 继续在前台运行

23. 在 Windows 7 的"回收站"中，存放的（　　　）。

    A. 只是硬盘上被删除的文件或文件夹

    B. 只能是 U 盘上被删除的文件或文件夹

    C. 可以是硬盘或 U 盘上被删除的文件或文件夹

    D. 可以是所有外存储器上被删除的文件或文件夹

24. 下列操作中能在各种输入法之间切换的是（　　　）。

    A.【Alt+F1】组合键 　　　　　　　 B.【Ctrl+空格】组合键

    C.【Ctrl+Shift】组合键 　　　　　 D.【Shift+空格】组合键

25. 在 Windows 7 中，要改变屏保程序的设置，应首先双击"控制面板"窗口中的（　　　）。

    A. "显示"图标   B. "个性化"图标

    C. "系统"图标   D. "键盘"图标

26. 在 Windows 7 中，当用户处于正常状态时，鼠标呈（　　　）形。

    A. 双箭头   B. I 字   C.   ↖   D. 单箭头

27. 在 Windows 7 中，一般单击指的是（　　　）。

    A. 迅速按下左键，并迅速放开   B. 左键或右键各击一下

    C. 按住左键不放   D. 迅速按下右键，并迅速放开

28. Windows 7 提供了多种手段供用户在多个运行着的程序间切换。按（　　　）组合键时，可在打开的各程序、窗口间进行循环切换。

    A. 【Alt+Ctrl】   B. 【Alt+Tab】   C. 【Ctrl+Esc】   D. 【Tab】

29. 将整个屏幕内容复制到剪贴板上，应按（　　　）组合键。

    A. 【Print Screen】   B. 【Alt+ Print Screen】

    C. 【Ctrl+ Print Screen】   D. 【Ctrl+V】

30. 在搜索文件时，若用户输入 *.*，则将搜索（　　　）。

    A. 所有含有*的文件   B. 所有扩展名中含有*的文件

    C. 所有文件   D. 以上都不对

31. 在 Windows 7 中，任务栏的主要作用是（　　　）。

    A. 显示系统的开始菜单   B. 方便实现窗口之间的切换

    C. 显示正在后台工作的窗口   D. 显示当前的活动窗口

32. 图标是 Windows 的重要元素之一，下面对图标的描述错误的是（　　　）。

    A. 图标可以表示文件夹

    B. 图标既可以代表程序也可以代表文档

    C. 图标可能是仍然在运行但窗口被最小化的程序

    D. 图标只能代表某个应用程序

33. 关于 Windows 7"开始"菜单中的搜索条，以下说法正确的是（　　　）。

    A. 在搜索条中输入内容后按【Enter】键，搜索条才开始搜索

    B. 不能搜索邮件

    C. 随着用户输入进度的不同，搜索条会智能动态地在上方窗口显示相关搜索结果

    D. 搜索关键字只涉及文件名，不涉及文件内容

34. Windows 7"开始"菜单的快速跳转表中，默认最多可保存用户最近用过的（　　　）个文档。

    A. 10   B. 5   C. 25   D. 20

35. 打开 Windows 7 的"资源管理器"窗口，可看到窗口分隔条将整个窗口分为导航窗格和文件夹内容窗口两大部分。导航窗格和文件夹内容窗口显示的是（　　　）。

    A. 当前盘所包含的文件，当前盘所包含的文件的内容

    B. 当前目录和下级子目录，系统盘所包含的文件夹和文件名

  C. 计算机的磁盘目录结构，当前文件夹所包含的文件名和下级子文件夹

  D. 当前盘所包含的文件夹和文件名，当前盘所包含的全部文件名

36. 下面关于 Windows 7 文件复制的叙述中，错误的是（   ）。

  A. 使用"计算机"中的"编辑"菜单进行文件复制，要经过选择、复制和粘贴

  B. 在"计算机"中，允许将同名文件复制到同一个文件夹下

  C. 可以按住【Ctrl】键，用鼠标左键拖放的方式实现文件的复制

  D. 可以用鼠标右键拖放的方式实现文件的复制

37. 在 Windows 7 中，要查看 CPU 主频、内存大小和所安装操作系统等信息，最简便的方法是打开"控制面板"窗口，然后（   ）。

  A. 单击"程序和功能"超链接   B. 单击"设备管理器"超链接

  C. 单击"系统"超链接   D. 单击"显示"超链接

38. 要减少一个文件的存储空间，可以使用工具软件（   ）将文件压缩存储。

  A. 磁盘碎片整理程序   B. McAfee

  C. Windows Media Player   D. WinRAR

39. Windows 7 的整个显示屏幕称为（   ）。

  A. 窗口   B. 操作台   C. 工作台   D. 桌面

40. Windows 7 中包含称为"小工具"的小程序，这些小程序可以提供即时信息，以及可轻松访问常用工具的途径。以下不属于"小工具"的是（   ）。

  A. 记事本   B. 天气   C. 日历   D. 源标题

41. 图标是 Windows 操作系统的一个重要概念，它表示 Windows 的对象，它可以指（   ）。

  A. 文档或文件夹   B. 应用程序

  C. 设备或其他的计算机   D. 以上都正确

42. 在 Windows 7 中为了重新排列桌面上的图标，首先应该进行的操作是（   ）。

  A. 右击桌面空白处   B. 右击"任务栏"空白处

  C. 右击已打开窗口的空白处   D. 右击"开始"菜单空白处

43. 在 Windows 7 中，用"创建快捷方式"创建的图标（   ）。

  A. 可以是任何文件或文件夹   B. 只能是可执行程序或程序组

  C. 只能是单个文件   D. 只能是程序文件和文档文件

44. 在 Windows 7 中，"任务栏"（   ）。

  A. 只能改变位置不能改变大小   B. 只能改变大小不能改变位置

  C. 既不能改变位置也不能改变大小   D. 既能改变位置也能改变大小

45. 在 Windows 7 中，下列关于"任务栏"的叙述中，错误的是（   ）。

  A. 可以将任务栏设置为自动隐藏

  B. 任务栏可以移动

  C. 通过任务栏上的按钮，可实现窗口之间的切换

  D. 在任务栏上，只显示当前活动窗口的名称

46. 利用窗口中左上角的控制菜单图标不能实现的操作是（　　　）。

    A. 最大化窗口　　　B. 打开窗口　　　　C. 移动窗口　　　　D. 最小化窗口

47. 当鼠标指针移动到窗口边框上变为（　　　）时，拖动鼠标就可以改变窗口大小。

    A. 小手　　　　　　B. 双向箭头　　　　C. 四方向箭头　　　D. 十字

48. 在 Windows 7 中，用户同时打开的多个窗口，可以层叠、堆叠或并排显示，要想改变窗口的排列方式，应进行的操作是（　　　）。

    A. 右击"任务栏"空白处，然后在弹出的快捷菜单中选取要排列的方式

    B. 右击桌面空白处，然后在弹出的快捷菜单中选取要排列的方式

    C. 打开"资源管理器"窗口，在任何打开的库面板（文件列表上方）内，选择排列方式

    D. 打开"资源管理器"窗口，在文件列表空白处右击，选择排序方式

49. 在 Windows 7 中，对同时打开的多个窗口进行层叠式排列，这些窗口的显著特点是（　　　）。

    A. 每个窗口的内容全部可见　　　　　　B. 每个窗口的标题栏全部可见

    C. 部分窗口的标题栏不可见　　　　　　D. 每个窗口的部分标题栏可见

50. 在 Windows 7 中，当一个窗口已经最大化后，下列叙述中错误的是（　　　）。

    A. 该窗口可以关闭　　　　　　　　　　B. 该窗口可以移动

    C. 该窗口可以最小化　　　　　　　　　D. 该窗口可以还原

51. 在 Windows 7 环境下，实现窗口移动的操作是（　　　）。

    A. 用鼠标拖动窗口中的标题栏　　　　　B. 用鼠标拖动窗口中的控制按钮

    C. 用鼠标拖动窗口中的边框　　　　　　D. 用鼠标拖动窗口中的任何部位

52. 下列关于 Windows 7 对话框的叙述中，错误的是（　　　）。

    A. 对话框是提供给用户和计算机对话的界面

    B. 对话框的位置可以移动，但大小不能改变

    C. 对话框的位置和大小都不能改变

    D. 对话框中可能会出现滚动条

53. 在 Windows 7 中，错误的新建文件夹的操作是（　　　）。

    A. 在"资源管理器"窗口中，单击工具面板中的"新建文件夹"按钮

    B. 在 Word 程序窗口中，选择"文件"→"新建"命令

    C. 右击资源管理器的"文件夹列表"窗口的任意空白处，在弹出的快捷菜单中选择"新建"→"文件夹"命令

    D. 在"计算机"的某驱动器或用户文件夹窗口中，选择"文件"→"新建"→"文件夹"命令

54. 下列不可能出现在 Windows 7 "资源管理器"窗口导航窗格的选项是（　　　）。

    A. 计算机　　　　　　　　　　　　　　B. 桌面

    C. 本地磁盘（C:）　　　　　　　　　　D. 资源管理器

55. 在 Windows 7 的资源管理器导航窗格中，若显示的文件夹图标前带有 ▶符号，意味着该文件夹（   ）。

    A. 含有下级文件夹　　　　　　　　　B. 仅含有文件

    C. 是空文件夹　　　　　　　　　　　D. 不含下级文件夹

56. 在 Windows 7 的"资源管理器"窗口中，若希望显示文件的名称、类型和大小等信息，则应该选择"查看"菜单中的（   ）命令。

    A. 列表　　　　　B. 详细信息　　　　　C. 大图标　　　　　D. 小图标

57. 在使用 Windows 7 的过程中，不使用鼠标即可打开"开始"菜单的操作是按（   ）组合键。

    A.【Shift+Ctrl】　　　B.【Shift+Tab】　　　C.【Ctrl+Tab】　　　D.【Ctrl+Esc】

58. 在 Windows 7 中，不能用"资源管理器"窗口对选定的文件或文件夹进行更名操作的是（   ）。

    A. 选择"文件"→"重命名"命令

    B. 右击要更名的文件或文件夹，在弹出的快捷菜单中选择"重命名"命令

    C. 快速双击要更名的文件或文件夹

    D. 连续两次单击要更名的文件或文件夹

59. 在 Windows 中，回收站是（   ）。

    A. 内存中的一块区域　　　　　　　　B. 硬盘上的一块区域

    C. 软盘上的一块区域　　　　　　　　D. 高速缓存中的一块区域

60. 不能打开"资源管理器"窗口的操作是（   ）。

    A. 右击"开始"按钮

    B. 单击"任务栏"的空白处

    C. 选择"开始"→"所有程序"→"附件"→"Windows 资源管理器"命令

    D. 单击任务栏中的 📁图标

61. 按下鼠标左键在同一驱动器不同文件夹内拖动某一对象，结果是（   ）。

    A. 移动该对象　　　B. 复制该对象　　　C. 无任何结果　　　D. 删除该对象

62. 按下鼠标左键在不同驱动器的不同文件夹内拖动某一对象，结果是（   ）。

    A. 移动该对象　　　B. 复制该对象　　　C. 无任何结果　　　D. 删除该对象

63. "资源管理器"窗口中的导航窗格与文件夹列表中间的分隔条（   ）。

    A. 可以移动　　　B. 不可以移动　　　C. 自动移动　　　D. 以上说法都不对

64. 下列关于 Windows 7 回收站的叙述中，错误的是（   ）。

    A. 回收站可以暂时或永久存放硬盘上被删除的信息

    B. 放入回收站的信息可以恢复

    C. 回收站所占据的空间是可以调整的

    D. 回收站可以存放 U 盘上被删除的信息

65. 菜单命令前带有对钩记号"√"则表示（   ）。

    A. 选择该命令弹出一个下拉子菜单　　　B. 选择该命令后出现对话框

C. 该命令已经选用   D. 将弹出一个对话框

66. 在 Windows 7 中，呈灰色显示的菜单意味着（　　　）。
    A. 该命令当前不能选用   B. 选中该命令后将弹出对话框
    C. 选择该命令后将弹出下级子菜单   D. 该命令正在使用

67. 在 Windows 7 中，为了个性化设置计算机，下列操作中正确的是（　　　）。
    A. 右击"任务栏"空白处，在弹出的快捷菜单中选择"属性"命令
    B. 右击桌面空白处，在弹出的快捷菜单中选择"个性化"命令
    C. 右击桌面空白处，在弹出的快捷菜单中选择"小工具"命令
    D. 右击"资源管理器"文件夹列表空白处，在弹出的快捷菜单中选择"属性"命令

68. 在 Windows 7 中，打开"资源管理器"窗口后，要改变文件或文件夹的显示方式，应使用（　　　）。
    A. "编辑"菜单   B. "查看"菜单   C. "帮助"菜单   D. "文件"菜单

69. 在 Windows 7 默认环境中，中英文输入切换键是（　　　）。
    A. 【Shift+空格】   B. 【Ctrl+空格】   C. 【Shift+空格】   D. 【Ctrl+ Shift】

70. 在 Windows 7 默认环境中，实现全角与半角之间的切换操作的是（　　　）。
    A. 【Alt+空格】   B. 【Ctrl+空格】   C. 【Shift+空格】   D. 【Ctrl+ Shift】

71. 在 Windows 7 输入中文标点符号状态下，按（　　　）键可以输出中文顿号（、）。
    A. ~   B. &   C. \   D. @

72. 文件夹存储在（　　　）位置时，不可以将其包含到库中。
    A. 外部硬盘驱动器   B. 家庭组的其他计算机上
    C. C 驱动器上   D. 可移动媒体（如 CD 或 DVD）上

73. 以下选项中不属于 Windows 7 默认库的是（　　　）。
    A. 附件   B. 音乐   C. 图片   D. 视频

74. 文件名不能是（　　　）。
    A. 12%+3%   B. 12-3 C. 12*3!   D. 1&2=0

75. 在 Windows 7 中，要更改当前计算机的日期和时间，可以（　　　）。
    A. 单击任务栏上通知区域的时间
    B. 使用"控制面板"窗口的区域和语言
    C. 使用附件
    D. 使用控制面板的系统

76. 在 Windows 7 中，为保护文件不被修改，可将它的属性设置为（　　　）。
    A. 只读   B. 存档   C. 隐藏   D. 系统

77. 以下选项中，不是"附件"菜单中应用程序的是（　　　）。
    A. 写字板和记事本   B. 录音机
    C. 便笺   D. 回收站

78. 在 Windows 7 中，各个应用程序之间交换信息的公共数据通道是（　　　）。
    A. 收藏夹   B. 文档库   C. 剪贴板   D. 回收站

79. 下列关于剪贴板的叙述中，（　　　）是错误的。

    A. 凡是"剪切"和"复制"命令的地方，都可以把选取的信息送到剪贴板中去

    B. 剪贴板中的信息超过一定数量时，会自动清空，以便节省内存空间

    C. 按【Alt+Print Screen】组合键或【Print Screen】键都会往剪贴板中送信息

    D. 剪贴板中的信息可以保存到磁盘文件中长久保存

80. 在 Windows 7 默认环境中，下列操作与剪贴板无关的是（　　　）。

    A. 剪切　　　　　　B. 复制　　　　　　C. 粘贴　　　　　　D. 删除

81. 在 Windows 7 中，若将当前窗口存入剪贴板中，可以按（　　　）键。

    A.【Alt+Print Screen】　　　　　　　　B.【Print Screen】

    C.【Ctrl+Print Screen】　　　　　　　 D.【Shift+Print Screen】

82. 在 Windows 7 中，若系统长时间不响应用户的要求，为了结束该任务，应使用的快捷键是（　　　）。

    A.【Shift+Esc+Tab】　　　　　　　　　B.【Shift+Ctrl+Enter】

    C.【Shift+Alt+Enter】　　　　　　　　 D.【Ctrl+Alt+Delete】

83. 快捷方式和文件本身的关系是（　　　）。

    A. 没有明显的关系

    B. 快捷方式是文件的备份

    C. 快捷方式其实就是文件本身

    D. 快捷方式与文件原位置建立了一个链接关系

84. 以下关于 Windows 快捷方式的说法中，正确的是（　　　）。

    A. 一个快捷方式可指向多个目标对象

    B. 一个对象可用多个快捷方式

    C. 只有文件夹对象可建立快捷方式

    D. 不允许为快捷方式建立快捷方式

85. 鼠标的基本操作包括（　　　）。

    A. 双击、单击、拖动、执行　　　　　　B. 单击、拖动、双击、指向

    C. 单击、拖动、执行、复制　　　　　　D. 单击、移动、执行、删除

86. Windows 7 把所有的系统环境设置功能都统一到（　　　）中。

    A. 计算机　　　　B. 打印机　　　　C. 控制面板　　　　D. 资源管理器

87. 要改变字符重复速度的设置，应首先单击"控制面板"窗口中的（　　　）。

    A. 鼠标图标　　　B. 显示图标　　　C. 键盘图标　　　D. 系统图标

88. 关于个性化设置计算机，下列描述错误的是（　　　）。

    A. 主题是计算机上的图片、颜色和声音的组合

    B. 主题包括桌面背景、屏幕保护程序、窗口边框颜色和声音，有时还包括图标和鼠标指针

    C. 可以选择某个图片作为桌面背景，也可以以幻灯片形式显示图片

    D. 可以选择某个图片作为桌面背景，不可以以幻灯片形式显示图片

89. 在 Windows 7 中，屏幕保护程序的主要作用是（   ）。

    A. 保护用户的眼睛

    B. 保护用户的身体

    C. 个性化计算机或通过提供密码保护来增强计算机安全性的一种方式

    D. 保护整个计算机系统

90. 要更改鼠标指针移动速度的设置，应在鼠标属性对话框中选择的选项卡是（   ）。

    A. 鼠标键   B. 指针   C. 硬件   D. 指针选项

91. 要设置日期分隔符，应首先单击"控制面板"窗口中的（   ）。

    A. 日期/时间链接   B. 键盘链接

    C. 区域和语言链接   D. 系统链接

92. 下列叙述错误的是（   ）。

    A. 附件下的记事本是纯文本编辑器

    B. 附件下的写字板也是纯文本编辑器

    C. 附件下的写字板提供了在文档中插入声频和视频信息等对象的功能

    D. 使用附件下的画图工具绘制的图片可以设置为桌面背景

93. 在记事本的编辑状态，进行"设置字体"操作时，应当使用（   ）菜单中的命令。

    A. 文件   B. 编辑   C. 搜索   D. 格式

94. 在记事本的编辑状态，进行"页面设置"操作时，应当使用（   ）菜单中的命令。

    A. 文件   B. 编辑   C. 搜索   D. 格式

95. 在写字板的编辑状态，进行"段落对齐"操作时，（   ）是错误的。

    A. 左对齐   B. 右对齐   C. 分散对齐   D. 居中

96. 利用 Windows 7 附件中的"画图"应用程序，可以打开的文件类型包括（   ）。

    A. .aui、.wav、.bmp   B. .mp3、.bmp、.gif

    C. .bmp、.mov、.gif   D. .bmp、.gif、.jpeg

97. 在 Windows 7 系统的任何操作过程中都可以使用快捷键（   ）获得帮助。

    A.【F1】   B.【Ctrl+F1】   C.【Esc】   D.【F11】

98. 在运行中输入 cmd 打开 MS-DOS 窗口，返回 Windows 7 的方法是（   ）。

    A. 按【Alt】键并按【Enter】键   B. 输入 Quit

    C. 输入 Exit，并按【Enter】键   D. 输入 Win 并按【Enter】键

99. 在 Windows 7"资源管理器"窗口的文件夹列表中，若已单击了第一文件，又按住【Ctrl】键并单击了第 5 个文件，则（   ）。

    A. 有 0 个文件被选中   B. 有 5 个文件被选中

    C. 有 1 个文件被选中   D. 有 2 个文件被选中

100. 在"计算机"窗口中，可以选择（   ）菜单中的"反向选择"命令来放弃已经选中的文件和文件夹，而选中其他尚未选定的文件和文件夹。

    A. 文件   B. 帮助   C. 查看   D. 编辑

101. 在 Windows 7 默认环境中，下列（   ）不能使用"搜索"命令。

　　A. 用"开始"菜单中的"搜索框"

　　B. 用"资源管理器"窗口中的"搜索框"

　　C. 用"计算机"窗口的"搜索框"

　　D. 右击"回收站"图标，然后在弹出的快捷菜单中选择"搜索"命令

2.3　计算机网络基础

1. 21 世纪，人类进入了（　　　）时代。

　　A. 互联网　　　　　B. 书信　　　　　C. 电话通信　　　　D. 电报

2. 按网络规模划分，不正确的是（　　　）。

　　A. 局域网　　　　　B. 城域网　　　　　C. 广域网　　　　D. 卫职院官网

3. 计算机网络的目标是实现（　　　）。

　　A. 文件查询　　　　　　　　　　B. 信息传输与数据处理

　　C. 数据处理　　　　　　　　　　D. 信息传输与资源共享

4. 计算机网络中实现互连的计算机本身是可以进行（　　　）工作的。

　　A. 并行　　　　　B. 互相制约　　　　　C. 独立　　　　D. 串行

5. 互联网诞生于（　　　）世纪。

　　A. 18　　　　　B. 19　　　　　C. 20　　　　D. 21

6. 下列 IP 地址错误的是（　　　）。

　　A. 172.16.20.11　　B. 192.168.1.1　　C. 256.113.0.1　　D. 10.1.5.24

7. 下面 4 个 IP 地址中，正确的是（　　　）。

　　A. 202.9.1.12　　　　　　　　　B. 256.9.23.1

　　C. 202.188.200.34.55　　　　　　D. 222.134.33.A

8. 下列 IP 地址中，属于 A 类地址的是（　　　）。

　　A. 198.2.12.123　　B. 129.5.5.5　　C. 16.53.3.5　　D. 191.5.87.127

9. 192.168.139.20 是 Internet 上一台计算机的（　　　）。

　　A. IP 地址　　　　B. 域名　　　　　C. 名称　　　　D. 命令

10. 接入 Internet 的每台计算机都有一个唯一的（　　　）。

　　A. DNS　　　　　B. WWW　　　　　C. IP　　　　D. HTTP

11. IPv4 协议中的这个地址由（　　　）个字节组成

　　A. 1　　　　　B. 2　　　　　C. 3　　　　D. 4

12. 为了能在 Internet 上正确通信，每台网络设备和主机都分配了唯一的地址，该地址是由数字并用小数点分隔开，它称为（　　　）。

　　A. TCP 地址　　　　　　　　　　B. IP 地址

　　C. WWW 客户机地址　　　　　　D. WWW 服务器地址

13. 目前网络传输介质中，传输速率最高的是（　　　）。

　　A. 双绞线　　　　B. 同轴电缆　　　　　C. 光缆　　　　D. 电话线

14. 下列传输介质中，抗干扰能力最强的是（　　　）。

  A. 微波   B. 光纤   C. 同轴电缆   D. 双绞线

15. 目前常用的计算机局域网所用的传输介质有光缆、同轴电缆和（　　）。
  A. 双绞线 B. 微波   C. 激光   D. 电话线

16. 网卡又可称为（　　）。
  A. 中继器 B. 路由器   C. 集线器   D. 网络适配器

17. 常用网络设备不包括（　　）。
  A. 网卡   B. 显示卡   C. 集线器   D. 交换机

18. 在计算机网络中，通常把提供管理功能和共享资源的计算机称为（　　）。
  A. 工作站 B. 服务器   C. 网关   D. 客户端

19. 下面电子邮件地址写法正确的是（　　）。
  A. abcd163.com B. abcd@163.com C. 163.com@abcd D. 163.comabcd

20. 电子邮件不能发送（　　）。
  A. 文字   B. 图片   C. 压缩包   D. 文件夹

21. 电子邮件地址有@分隔成两部分，其中@符号前为（　　）。
  A. 本机域名 B. 用户名   C. 机器名   D. 密码

22. 通常申请免费电子邮箱需要通过（　　）申请。
  A. 在线注册 B. 电话   C. 电子邮件 D. 写信

23. 使用网络邮箱时，单击（　　）按钮，可以建立一份新的邮件。
  A. 草稿箱   B. 收信
  C. 写信   D. 通讯录

24. 使用电子邮件的首要条件是要拥有一个（　　）。
  A. 网页   B. 网站   C. 计算机 D. 电子邮件地址

25. 下面不属于顶级域名类型的是（　　）。
  A. com   B. uup   C. gov   D. net

26. 广西卫职院官网是（　　）。
  A. www.gxwzy.com.cn   B. www.gxwzy.hk
  C. www.gxwzy.tw   D. www.gxwzy.us

27. 域名与 IP 地址通过（　　）来转换。
  A. E-Mail B. WWW   C. DNS   D. FTP

28. 域名 www.sina.com.cn 中的 com 代表的组织机构类型为（　　）。
  A. 教育机构 B. 政府部门 C. 非营利机构 D. 商业部门

29. www.cnr.cn 表示属于（　　）地域。
  A. 广西   B. 中国   C. 美国   D. 英国

30. 打开新浪网，出现的第一个网页，叫做新浪网的（　　）。
  A. 主页   B. 首页   C. 尾页   D. 子页

31. 使用浏览器访问网站时，网站上第一个被访问的网页称为（　　）。
  A. 网页   B. 网站   C. HTML 语言 D. 主页

32. 设置 IE 浏览器的主页，可以在（　　　）中进行。

　　A. "Internet 选项"对话框"连接"选项卡中的"地址"文本框

　　B. "Internet 选项"对话框"内容"选项卡中的"地址"文本框

　　C. "Internet 选项"对话框"安全"选项卡中的"地址"文本框

　　D. "Internet 选项"对话框"常规"选项卡中的"地址"文本框

33. 在 IE 浏览器中单击"刷新"按钮，则（　　　）。

　　A. 终止当前页的访问，返回空白页　　　　B. 自动下载浏览器更新程序并安装

　　C. 更新当前显示的网页　　　　　　　　　D. 浏览器会新建一个当前窗口

34. IE 浏览器的"收藏夹"主要作用是收藏（　　　）。

　　A. 文档　　　　　　B. 电子邮件　　　　　C. 图片　　　　　　　D. 网址

35. Internet 提供了许多服务项目，最常用的是在各网站之间漫游、浏览文本、图形和声音等各种信息，这项服务称为（　　　）。

　　A. 电子邮件　　　　B. 万维网（WWW）　　C. 文件传输　　　　　D. 远程登录

36. 在 Internet 上，计算机之间使用（　　　）协议进行信息交换。

　　A. IEEE 802.5　　　B. TCP/IP　　　　　　C. CSMA/CD　　　　　D. X.25

37. 笔记本电脑 Wi-Fi 信号弱，有可能是因为（　　　）。

　　A. 晚上光线弱　　　　　　　　　　　　　B. 与路由器隔了几堵墙

　　C. 客厅电视声音太大　　　　　　　　　　D. 旁边放了一瓶水

38. HTTP 是（　　　）。

　　A. 因特网　　　　　B. 万维网　　　　　　C. 电子邮件　　　　　D. 超文本传输协议

39. URL 的中文意思是（　　　）

　　A. 网络服务器　　　　　　　　　　　　　B. 统一资源定位器

　　C. 更新重定位线路　　　　　　　　　　　D. 传输控制协议

40. 通常意义上的网络黑客是指通过互联网利用非正常手段（　　　）。

　　A. 发布信息的人　　　　　　　　　　　　B. 在网络上行骗的人

　　C. 入侵他人计算机系统的人　　　　　　　D. 晚上上网的人

41. 计算机病毒传播速度最快的途径是通过（　　　）传播。

　　A. 硬盘　　　　　　B. U 盘　　　　　　　C. 光盘　　　　　　　D. 网络

42. 为防止黑客入侵，下列做法中有效的是（　　　）。

　　A. 关紧机房的门窗　　　　　　　　　　　B. 在机房安装电子报警装置

　　C. 定期整理磁盘碎片　　　　　　　　　　D. 在计算机中安装防火墙

43. 计算机病毒产生的原因是（　　　）。

　　A. 用户程序错误　　　　　　　　　　　　B. 计算机硬件故障

　　C. 计算机软件系统有错误　　　　　　　　D. 人为制造

44. 计算机病毒是一种（　　　）。

　　A. 特殊的计算机部件　　　　　　　　　　B. 游戏软件

　　C. 人为编制的特殊程序　　　　　　　　　D. 能传染的生物病毒

45. 以下（　　）不是预防计算机病毒的可行方法。

    A. 不使用来历不明的、未经检测的软件

    B. 对计算机网络采取严密的安全措施

    C. 对系统关键数据做备份

    D. 切断一切与外界交换信息的渠道

46. 防范病毒的最佳方法是（　　）。

    A. 定期使用查杀病毒软件　　　　　　B. 定期将硬盘格式化

    C. 定期将软盘格式化　　　　　　　　D. 定期删除可疑文件

47. 计算机病毒的危害性是（　　）。

    A. 使磁盘发生霉变　　　　　　　　　B. 破坏计算机的软件系统或文件的内容

    C. 破坏计算机的键盘　　　　　　　　D. 使计算机突然断电

48. 采用（　　）安全防范措施，不但能防止来自外部网络的恶意入侵，而且可以限制内部网络计算机对外的通信。

    A. 防火墙　　　　B. 调制解调器　　　　C. 反病毒软件　　　　D. 网卡

49. 计算机病毒实际上是（　　）。

    A. 一条命令　　　　B. 一个文本文件　　　　C. 一个病原体　　　　D. 一段程序

50. 为了防止新型病毒对计算机系统造成伤害，应对已安装的防病毒软件进行及时(　　)。

    A. 升级　　　　　　B. 分析　　　　　　　C. 检查　　　　　　D. 启动

51. 以下不属于 Internet（因特网）基本功能的是（　　）。

    A. 电子邮件　　　　B. 文件传输　　　　　C. 远程登录　　　　D. 实时监测控制

52. 接收 E-mail 的网络协议是（　　）。

    A. POP3　　　　　　B. SMTP　　　　　　　C. HTTP　　　　　　D. FTP

53. 以下 IP 地址中错误的是（　　）。

    A. 60.263.12　　　　B. 213.163.25.18　　　C. 165.56.25.18　　　D. 16.163.25.18

54. Internet 应用之一的 FTP 指的是（　　）。

    A. 用户数据协议　　　　　　　　　　B. 简单邮件传输协议

    C. 超文本传输协议　　　　　　　　　D. 文件传输协议

55. 通过 Internet 可以（　　）。

    A. 查询、检索资料　　　　　　　　　B. 打国际长途电话，点播电视节目

    C. 点播电视节目，发送电子邮件　　　D. 以上都对

56. 电子邮件是（　　）。

    A. 网络信息检索服务

    B. 通过 Web 网页发布的公告信息

    C. 通过网络实时交换的信息传递服务

    D. 一种利用网络交换信息的非交互式服务

57. 互联网上的服务都基于某种协议，WWW 服务基于（　　）协议。

    A. POP3　　　　　　B. SMTP　　　　　　C. HTTP　　　　　　D. TELNET

58. TCP/IP 协议中的 TCP 相当于 OSI 中的（　　）。
　　A. 应用层　　　　　B. 网络层　　　　　C. 物理层　　　　　D. 传输层

59. Internet 属于（　　）。
　　A. WAN　　　　　B. MAN　　　　　C. LAN　　　　　D. ISDN

60. IP 地址是由两部分组成，一部分是（　　）地址，另一部分是主机地址。
　　A. 服务器地址　　B. 网络地址　　　　C. 机构地址　　　D. 网卡地址

61. C 类 IP 地址的每个网络可以容纳（　　）台主机。
　　A. 254　　　　　B. 100 万　　　　　C. 65 535　　　　D. 1 700 万

62. WWW 的英文全称是（　　）。
　　A. 因特网　　　　B. 万维网　　　　　C. 电子邮件　　　D. 文件传输协议

63. 下列 IP 地址中，属于 B 类地址的是（　　）。
　　A. 198.2.12.123　　B. 16.53.3.5　　　C. 129.5.5.5　　　D. 193.5.87.127

64. 计算机病毒主要是造成（　　）的破坏和丢失。
　　A. 磁盘　　　　　B. 主机　　　　　　C. 光盘　　　　　D. 程序和数据

65. 下列 IP 地址中，属于 C 类地址的是（　　）。
　　A．202.103.1.1　　B. 16.3.4.5　　　C. 191.1.1.1　　　D. 111.1.1.1

66. LAN 通常是（　　）。
　　A. 广域网　　　　B. 资源子网　　　　C. 城域网　　　　D. 局域网

67. OSI 参考模型的基本结构一共分为（　　）层。
　　A. 7　　　　　　B. 6　　　　　　　C. 5　　　　　　D. 4

68. Internet 是（　　）类型的网络。
　　A. 局域网　　　　B. 城域网　　　　　C. 广域网　　　　D. 企业网

69. 下列域名中，属于教育机构的是（　　）。
　　A. www.hnhy.edu.cn　　　　　　　　　B. ftp.cnc.ac.cn
　　C. www.cnnic.net.cn　　　　　　　　　D. www.ioa.ac.cn

70. 计算机网络按其覆盖的范围，可划分为（　　）。
　　A. 星形结构、环形结构和总线结构　　　B. 局域网、城域网和广域网
　　C. 以太网和移动通信网　　　　　　　　D. 电路交换网和分组交换网

71. 目前 IP 地址的编码采用固定的（　　）位二进制地址格式。
　　A. 8　　　　　　B. 16　　　　　　　C. 32　　　　　　D. 64

72. 电子邮件地址有@分隔成两部分，其中@符号后为（　　）。
　　A. 本机域名　　　B. 邮件服务器名　　C. 机器名　　　　D. 用户名

73. 按网络规模的大小划分，下列类型中不属于该划分方法的是（　　）。
　　A. 局域网　　　　B. 无线网　　　　　C. 城域网　　　　D. 广域网

74. 下列不属于计算机网络拓扑结构的是（　　）。
　　A. 星形　　　　　B. 环形　　　　　　C. 三角形　　　　D. 总线

75. 从 www.ccgp.gov.cn 可以看出，它是中国一个（　　　）部门的网站。

    A. 工商   B. 军事   C. 政府   D. 教育

76. 下列关于网络病毒说法错误的是（　　　）。

    A. 网络病毒不会对网络传输造成影响   B. 病毒传播速度快

    C. 传播媒介是网络   D. 可通过电子邮件传播

77. 今天 Internet 的前身是（　　　）。

    A. Internet   B. ARPAnet   C. Novell   D. LAN

78. 计算机网络是指（　　　）。

    A. 用网线将多台计算机连接

    B. 配有计算机网络软件的计算机外语学习网

    C. 用通信线路将多台计算机及外围设备连接，并配以相应的网络软件所构成的系统

    D. 配有网络软件的多台计算机和外围设备

79. 第三代计算机通信网络的网络体系结构与协议标准趋于统一，国际标准化组织建立了
（　　　）参考模型。

    A. OSI   B. TCP/IP   C. HTTP   D. ARPA

80. 图书馆内部的一个计算机网络系统属于（　　　）。

    A. 局域网   B. 城域网   C. 广域网   D. 互联网

81. www.gxeea.cn 中的 cn 表示（　　　）。

    A. 广西   B. 中国   C. 美国   D. 英国

82. IPv4 协议中的这个地址采用（　　　）二进制编码。

    A. 16 位   B. 32 位   C. 64 位   D. 128 位

83. 计算机病毒具有很强的破坏性，导致（　　　）。

    A. 烧毁 CPU   B. 破坏程序和数据

    C. 损坏显示器   D. 磁盘物理损坏

84. 电子邮件到达时，收件人的计算机没有开机，那么该电子邮件将（　　　）。

    A. 永远不再发送   B. 保存在服务商 ISP 的主机上

    C. 退回给发件人   D. 需要对方再重新发送

85. 中国教育科研计算机网用（　　　）表示。

    A. CERNET   B. ISDN   C. CSTNET   D. CHINAGBNET

86. 计算机信息安全技术分为两个层次，其中第一层次为（　　　）。

    A. 计算机系统安全   B. 计算机数据安全

    C. 计算机物理安全   D. 计算机网络安全

87. 计算机网络按通信方式来划分，可以分为（　　　）。

    A. 局域网、城域网和广域网   B. 外网和内网

    C. 点对点传输网络和广播式传输网络   D. 高速网和低速网

88. 计算机网络的拓扑结构是指（　　　）。

    A. 网络的通信线路的物理连接方法

    B. 网络的通信线路和结点的连接关系和几何结构

    C. 互相通信的计算机之间的逻辑关系

    D. 互连计算机的层次划分

89. 局域网由（　　　）统一指挥，调度资源，协调工作。

    A. 网络操作系统　　　　　　　　　　　B. 磁盘操作系统 DOS

    C. 网卡　　　　　　　　　　　　　　　D. Windows 7

90. 实现文件传输（FTP）有很多工具，它们的工作界面有所不同，但是实现文件传输都要（　　　）。

    A. 通过电子邮箱收发文件　　　　　　　B. 将本地计算机与 FTP 服务器连接

    C. 通过搜索引擎实现通信　　　　　　　D. 借助微软公司的文件传输工具 FPT

91. 计算机信息安全之所以重要，受到各国的广泛重视，主要是因为（　　　）。

    A. 用户对计算机信息安全的重要性认识不足

    B. 计算机应用范围广，用户多

    C. 计算机犯罪增多，危害大

    D. 信息资源的重要性和计算机系统本身固有的脆弱性

92. 使用（　　　）是保证数据安全行之有效的方法，它可以消除信息被窃取、丢失等影响数据安全的隐患。

    A. 密码技术　　　　B. 杀毒软件　　　　C. 数据签名　　　　D. 备份数据

93. 下列关于防火墙的描述，不正确的是（　　　）。

    A. 防火墙可以提供网络是否受到监测的详细记录

    B. 防火墙可以防止内部网信息外泄

    C. 防火墙是一种杀灭病毒设备

    D. 防火墙可以是一组硬件设备，也可以是实施安全控制策略的软件

94. 下面关于密码的设置，不够安全的是（　　　）。

    A. 建议经常更新密码

    B. 密码最好是数字、大小写字母、特殊符号的组合

    C. 密码的长度最好不要少于 6 位

    D. 为了方便记忆，可使用自己或家人的名字、电话号码

95. 下列属于计算机网络所特有的设备是（　　　）。

    A. 显示器　　　　　B. UPS 电源　　　　C. 服务器　　　　　D. 鼠标

96. 在计算机网络中，表征数据传输可靠性的指标是（　　　）。

    A. 传输率　　　　　B. 误码率　　　　　C. 信息容量　　　　D. 频带利用率

97. 计算机网络分类主要依据（　　　）。

    A. 传输技术与覆盖范围　　　　　　　　B. 传输技术与传输介质

    C. 互连设备的类型　　　　　　　　　　D. 服务器的类型

98. 网络的传输速率是 10 Mbit/s，其含义是（　　　）。

    A. 每秒传输 10 MB 字节　　　　　　　　B. 每秒传输 10 MB 二进制位

  C. 每秒可以传输 10 MB 个字符　　　　　　D. 每秒传输 10 000 000 个二进制位

99. 在广域网中使用的网络互连设备是（　　　）。

  A. 集线器　　　　　B. 网桥　　　　　　C. 交换机　　　　　　D. 路由器

100. 构成网络协议的三要素是（　　　）。

  A. 结构、接口与层次　　　　　　　　　　B. 语法、原语与接口

  C. 语义、语法与时序　　　　　　　　　　D. 层次、接口与服务

101. 远程登录服务是（　　　）。

  A. DNS　　　　　　B. FTP　　　　　　C. SMTP　　　　　　D. Telnet

102. SMTP 指的是（　　　）。

  A. 文件传输协议　　　　　　　　　　　　B. 用户数据报协议

  C. 简单邮件传输协议　　　　　　　　　　D. 域名服务协议

103. HTML 是（　　　）的描述语言。

  A. 网站　　　　　　B. Java　　　　　　C. WWW　　　　　　D. SMTP

104. 接入因特网，从大的方面来看，有（　　　）两种方式。

  A. 专用线路接入和 DDN　　　　　　　　B. 专用线路接入和电话线拨号

  C. 电话线拨号和 PPP/SLIP　　　　　　　D. 仿真终端和专用线路接入

105. Internet Explorer 可以播放（　　　）。

  A. 文本　　　　　　B. 图片　　　　　　C. 声音　　　　　　D. 以上都可以

106. 访问某个网页时显示"该页无法显示"，可能是因为（　　　）。

  A. 网址不正确　　　　　　　　　　　　　B. 没有连接 Internet

  C. 网页不存在　　　　　　　　　　　　　D. 以上都有可能

107. 下面关于域名内容正确的是（　　　）

  A. cn 代表中国，com 代表商业机构　　　B. cn 代表中国，edu 代表科研机构

  C. uk 代表美国，gov 代表政府机构　　　D. uk 代表中国，ac 代表教育机构

108. 主机域名 www.eastday.com 中，（　　　）表示网络名。

  A. www　　　　　　B. eastday　　　　　C. com　　　　　　D. 以上都不是

109. 若某一用户要拨号上网，（　　　）是不必要的。

  A. 一个路由器　　　　　　　　　　　　　B. 一个调制解调器

  C. 一个上网账号　　　　　　　　　　　　D. 一条普通的电话线

110. 下面属于因特网服务的是（　　　）。

  A. FTP 服务、Telnet 服务、匿名服务、邮件服务、万维网服务

  B. FTP 服务、Telnet 服务、专题讨论、邮件服务、万维网服务

  C. 交互式服务、Telnet 服务、专题讨论、邮件服务、万维网服务

  D. FTP 服务、匿名服务、专题讨论、邮件服务、万维网服务

111. HTTP 的中文意思是（　　　）。

  A. 布尔逻辑搜索　　　　　　　　　　　　B. 电子公告牌

  C. 文件传输协议　　　　　　　　　　　　D. 超文本传输协议

112. 关于 WWW 说法，不正确的是（　　）。

A. WWW 是一个分布式超媒体信息查询系统

B. 是因特网上最为先进的，但尚不具有交互性

C. 万维网包括各种各样的信息，如文本、声音、图像和视频等

D. 万维网采用了"超文本"的技术，使得用户通过简单的办法就可获得因特网上的各种信息

113. 下列关于 FTP 的说法不正确的是（　　）。

A. FTP 是因特网上文件传输的基础，通常所说的 FTP 是基于该协议的一种服务

B. FTP 文件传输服务只允许传输文本文件和二进制可执行文件

C. FTP 可以在 UNIX 主机和 Windows 系统之间进行文件的传输

D. 考虑到安全问题，大多数匿名服务器不允许用户上传文件

114. 一台计算机要连入 Internet，必须安装的硬件是（　　）。

A. 调制解调器或网卡　　　　　　　　　B. 网络操作系统

C. 网络查询工具　　　　　　　　　　　D. WWW 浏览器

115. Internet 是一个覆盖全球的大型互连网络，它用于连接多个远程网与局域网的互连设备主要是（　　）。

A. 网桥　　　　　B. 防火墙　　　　　C. 主机　　　　　D. 路由器

116. 用 IE 浏览上网时，要进入某一网页，可在 IE 的 URL 栏中输入该网页的（　　）。

A. 只能是 IP 地址　　　　　　　　　　B. 只能是域名

C. 实际的文件名称　　　　　　　　　　D. IP 地址或域名

117. 浏览器的标题栏显示"脱机工作"，则表示（　　）。

A. 计算机没有开机　　　　　　　　　　B. 计算机没有连接因特网

C. 实际的文件名称　　　　　　　　　　D. 以上说法都不对

118. 利用 Internet Explorer 主界面"工具"菜单中的"Internet 选项"命令，可以完成下面的（　　）功能。

A. 设置主页　　　　B. 设置字体　　　　C. 设置安全级别　　　　D. 以上都可以

119. 一封完整的电子邮件由（　　）组成。

A. 信头和信体　　　　　　　　　　　　B. 信体和附件

C. 主体和信体　　　　　　　　　　　　D. 主题和附件

120. 电子邮件协议 SMTP 和 POP3 属于 TCP/IP 的（　　）。

A. 最高层　　　　B. 次高层　　　　C. 第二层　　　　D. 最低层

121. 使用@163.com 邮件转发功能可以（　　）。

A. 将邮件转到指定的电子信箱　　　　　B. 自动回复邮件

C. 邮件不会保存在收件箱　　　　　　　D. 可以保存在草稿箱

122. elle@nankai.edu.cn 是一种典型的用户（　　）。

A. 数据　　　　B. 硬件地址　　　　C. 电子邮件地址　　　　D. WWW 地址

123. 保证网络安全的最主要因素是（　　）。

A. 拥有最新的防毒防黑软件   B. 使用高档机器

C. 使用者的计算机安全素养   D. 安装多层防火墙

124. 保证网络安全最重要的核心策略之一是（ ）。

  A. 身份验证和访问控制

  B. 身份验证和加强教育、提高网络安全防范意识

  C. 访问控制盒加强教育、提高网络安全防范意识

  D. 以上答案都不对

125. Internet 上访问 Web 信息的浏览器，下列（ ）不是 Web 浏览器。

  A. Internet Explorer   B. Navigate Communicator

  C. Opera   D. Foxmail

126. 调制解调器（Modem）包括调制和解调功能，其中调制功能是指（ ）。

  A. 将模拟信号转换成数字信号   B. 将数字信号转换成模拟信号

  C. 将光信号转换为电信号   D. 将电信号转换为光信号

127. OSI（开放系统互连）参考模型的最高层是（ ）。

  A. 表示层 B. 网络层 C. 应用层 D. 会话层

128. 关于计算机病毒的叙述中，错误的是（ ）。

  A. 计算机病毒具有破坏性和传染性 B. 计算机病毒会破坏计算机的显示器

  C. 计算机病毒是一种程序   D. 杀毒软件并不能去除所有计算机病毒

129. 计算机病毒的主要特点是（ ）。

  A. 人为制造，手段隐蔽   B. 破坏性和传染性

  C. 可以长期潜伏，不易发现   D. 危害严重，影响面广

130. IPv6 协议中的这个地址采用（ ）二进制编码。

  A. 16 位 B. 32 位 C. 64 位 D. 128 位

2.4　文字处理 Word 2010

1. Word 2010 文档扩展名的默认类型是（ ）。

  A. .docx B. .doc C. .wrdx D. .txtx

2. 支持中文 Word 2010 运行的软件环境是（ ）。

  A. DOS B. Office 2010 C. UC-DOS D. Windows 7

3. 在 Word 2010 中，当前输入的文字被显示在（ ）。

  A. 文档的尾部 B. 鼠标指针位置 C. 插入点位置 D. 当前行的行尾

4. 在 Word 2010 中，关于插入表格命令，下列说法中错误的是（ ）。

  A. 只能是 2 行 5 列   B. 可以自动套用格式

  C. 能调整行、列宽   D. 行列数可调

5. 在 Word 2010 中，插入分页符，选择"页面布局"选项卡，使用的按钮是（ ）。

  A. 纸张大小 B. 页边距 C. 分隔符 D. 纸张方向

6. 在 Word 2010 中，可以显示页眉与页脚的视图方式是（ ）。

    A．普通　　　　　　　B．大纲　　　　　　　C．页面　　　　　　　D．Web 版式

7．在 Word 2010 中只能显示水平标尺的是（　　　）。

    A．普通视图　　　　　B．页面视图　　　　　C．大纲视图　　　　　D．打印预览

8．在 Word 2010 的编辑状态，打开文档 ABC，修改后另存为 ABD，则文档 ABC（　　　）。

    A．被文档 ABD 覆盖　　　　　　　　　B．被修改未关闭

    C．被修改并关闭　　　　　　　　　　D．未修改被关闭

9．在 Word 2010 的编辑状态中，按钮 ⬜ 的含义是（　　　）。

    A．打开文档　　　　　B．保存文档　　　　　C．创建新文档　　　　D．打印文档

10．在 Word 2010 的编辑状态中，使插入点快速移动到文档尾的操作是按（　　　）键。

    A．【PgUp】　　　　　B．【Alt+End】　　　　C．【Ctrl+End】　　　　D．【PgDn】

11．Word 2010 最多可同时打开的文档数是（　　　）。

    A．9 个　　　　　　　　　　　　　　　B．64 个

    C．255 个　　　　　　　　　　　　　　D．任意多个，仅受内存容量的限制

12．在 Word 2010 的编辑状态中，要将一个已经编辑好的文档保存到当前文件夹外的另一指定文件夹中，正确的操作方法是（　　　）。

    A．选择"文件"→"保存"命令　　　　B．选择"文件"→"另存为"命令

    C．选择"文件"→"发布"命令　　　　D．选择"文件"→"关闭"命令

13．在 Word 2010 的编辑状态中，为了把不相邻的两段文字交换位置，可以采用的方法是（　　　）。

    A．剪切　　　　　　　B．粘贴　　　　　　　C．复制+粘贴　　　　　D．剪切+粘贴

14．在草稿视图下，Word 文档的结束标记是一个（　　　）。

    A．闪烁的粗竖线　　　　　　　　　　B．I 形竖线

    C．空心箭头　　　　　　　　　　　　D．一小段水平粗横线

15．在 Word 文档中，快捷键【Ctrl+O】的作用是（　　　）。

    A．新建一个文档　　　　　　　　　　B．打开一个文档

    C．保存当前文档　　　　　　　　　　D．关闭当前文档

16．在 Word 2010 中，不能改变叠放次序的对象是（　　　）。

    A．图片　　　　　　　B．图形　　　　　　　C．文本　　　　　　　D．文本框

17．在 Word 2010 的编辑状态，将剪贴板上的内容粘贴到当前光标处，使用的快捷键是（　　　）。

    A．【Ctrl+X】　　　　B．【Ctrl+V】　　　　C．【Ctrl+C】　　　　D．【Ctrl+A】

18．在 Word 2010 的编辑状态中，按钮 🖫 表示的含义是（　　　）。

    A．打开文档　　　　　B．保存文档　　　　　C．创建新文档　　　　D．打印文档

19．在 Word 2010 的编辑状态，选择"视图"选项卡，单击"全部重排"按钮的作用是将所有打开的文档窗口（　　　）。

    A．顺序编码

    B．层层嵌套

C. 折叠起来

D. 根据实际情况，上下排列充满整个屏幕

20. 单击 Word 2010 主窗口标题栏右边显示的"最小化"按钮后（　　）。

A. Word 2010 的窗口被关闭

B. Word 2010 的窗口未关闭

C. Word 2010 的窗口变成窗口图标关闭按钮

D. 被打开的文档窗口被关闭

21. 在 Word 2010 的编辑状态，执行两次"剪切"操作，则剪贴板中（　　）。

A. 仅有第一次被剪切的内容　　　　　　B. 仅有第二次被剪切的内容

C. 有两次被剪切的内容　　　　　　　　D. 无内容

22. 在 Word 2010 的编辑状态打开了一个文档，对文档做了修改，进行"关闭"文档操作后（　　）。

A. 文档被关闭，并自动保存修改后的内容

B. 文档不能关闭，并提示出错

C. 文档被关闭，修改后的内容不能保存

D. 弹出对话框，并询问是否保存对文档的修改

23. 在 Word 2010 的编辑状态，选择了一个段落并设置段落的"首行缩进"设置为 1 cm，则（　　）。

A. 该段落的首行起始位置距离页面的左边距 1 cm

B. 文档中各段落的首行只由"首行缩进"确定位置

C. 该段落的首行起始位置在距段落"左缩进"位置右边的 1 cm

D. 该段落的首行起始位置在距段落"左缩进"位置左边的 1 cm

24. 在 Word 2010 的编辑状态，打开了 wl.docx 文档，把当前文档以 w2.docx 为名进行"另存为"操作，则（　　）。

A. 当前文档是 wl.doc　　　　　　　　B. 当前文档是 w2.docx

C. 当前文档是 wl.docx 与 w2.docx　　　D. wl.docx 与 w2.docx 全部关闭

25. 在 Word 2010 的编辑状态，选择了文档全文，若在"段落"对话框中设置行距为 20 磅的格式，应当选择"行距"列表框中的（　　）。

A. 单倍行距　　　B. 1.5 倍行距　　　C. 固定值　　　D. 多倍行距

26. 在 Word 2010 的编辑状态下，包括能设置文档行间距命令的选项卡是（　　）。

A. "插入"选项卡　　　　　　　　　　B. "视图"选项卡

C. "页面布局"选项卡　　　　　　　　D. "审阅"选项卡

27. 进入 Word 2010 后，打开了一个已有文档 wl.docx，又进行了"新建"操作，则（　　）。

A. wl.docx 被关闭　　　　　　　　　　B. wl.docx 和新建文档均处于打开状态

C. "新建"操作失败　　　　　　　　　D. 新建文档被打开但 wl.docx 被关闭

28. 在 Word 2010 的编辑状态，对当前文档中的文字进行"字数统计"操作，应当使用的选项卡是（　　）。

  A. "插入"选项卡   B. "引用"选项卡

  C. "视图"选项卡   D. "审阅"选项卡

29. 在 Word 2010 的编辑状态，先后打开了 dl.docx 文档和 d2.docx 文档，则（　　　）。

  A. 可以使两个文档的窗口都显示出来   B. 只能显示 d2.docx 文档的窗口

  C. 只能显示 dl.docx 文档的窗口   D. 打开 d2.doc 后两个窗口自动并列显示

30. 在 Word 2010 的编辑状态，建立了 4 行 4 列的表格，除第 4 行与第 4 列相交的单元格以外各单元格内均有数字，当插入点移到该单元格内后进行"公式"操作，则（　　　）。

  A. 可以计算出其余列或行中数字的和   B. 仅能计算出第 4 列中数字的和

  C. 仅能计算出第 4 行中数字的和   D. 不能计算数字的和

31. 在 Word 2010 的默认状态下，有时会在某些英文文字下方出现红色的波浪线，这表示（　　　）。

  A. 语法错误   B. Word 2010 字典中没有该单词

  C. 该文字本身自带下画线   D. 该处有附注

32. 在 Word 2010 的编辑状态，选择了当前文档中的一个段落，进行"删除"操作（或按【Delete】键），则（　　　）。

  A. 该段落被删除且不能恢复   B. 该段落被删除，但能恢复

  C. 能利用"回收站"恢复被删除的该段落   D. 该段落被移到"回收站"内

33. 在 Word 2010 的编辑状态，打开了一个文档，进行"保存"操作后，该文档（　　　）。

  A. 被保存在原文件夹下   B. 可以保存在已有的其他文件夹下

  C. 可以保存在新建文件夹下   D. 保存后文档被关闭

34. 在 Word 2010 的编辑状态，利用下列（　　　）中的命令可以建立表格或修改表格。

  A. "开始"选项卡   B. "引用"选项卡

  C. "视图"选项卡   D. "插入"选项卡

35. 在 Word 2010 的编辑状态，要在文档中添加符号★，应当使用（　　　）中的命令。

  A. "开始"选项卡   B. "引用"选项卡

  C. "视图"选项卡   D. "插入"选项卡

36. 在 Word 2010 的编辑状态，进行"替换"操作时，应当使用（　　　）中的命令。

  A. "审阅"选项卡   B. "视图"选项卡

  C. "插入"选项卡   D. "开始"选项卡

37. 在 Word 2010 的编辑状态，按先后顺序依次打开了 d1.docx、d2.docx、d3.docx 和 d4.docx 4 个文档，当前的活动窗口是（　　　）文档的窗口。

  A. d1.docx   B. d2.docx   C. d3.docx   D. d4.docx

38. 在 Word 2010 的编辑状态，在同一篇文档内，用拖动法复制文本时应该（　　　）。

  A. 同时按住【Ctrl】键   B. 同时按住【Shift】键

  C. 按住【Alt】键   D. 直接拖动

39. 在 Word 2010 的编辑状态，要设置精确的缩进，应当使用的方式是（　　　）。

  A. 标尺   B. 样式   C. 段落格式   D. 页面设置

40. 在 Word 2010 的编辑状态，将段落的首行缩进两个字符的位置，正确的操作是（　　）。

  A. 使用"开始"选项卡的"段落"组中的按钮

  B. 单击"插入"选项卡中的"段落"按钮

  C. 单击"视图"选项卡中的"段落"按钮

  D. 以上都不是

41. 在 Word 2010 的编辑状态，下列选项中，不能彻底关闭 Word 2010 应用程序窗口的操作是（　　）。

  A. 选择"文件"→"关闭"命令　　　　B. 单击 ⊠ 按钮

  C. 双击 Word 2010 标题栏的图标　　　　D. 选择"文件"→"退出"命令

42. 在 Word 2010 的编辑状态，按钮 ≡ 表示的含义是（　　）。

  A. 左对齐　　　　B. 右对齐　　　　C. 居中对齐　　　　D. 分散对齐

43. 在 Word 2010 的编辑状态，按钮 ✓ 表示的含义是（　　）。

  A. 拼写和语法检查　　　　　　　　B. 插入文本框

  C. 插入图文框　　　　　　　　　　D. 复制

44. 在表格中一次插入 3 行，正确的操作是（　　）。

  A. 选择"表格"→"插入"→"行"命令

  B. 选定 3 行后，右击，在弹出的快捷菜单中选择"插入"→"在上方（或下方）插入行"命令

  C. 将插入点放在行尾部，按【Enter】键

  D. 无法实现

45. 在 Word 2010 的编辑状态，"打印"对话框的"页面范围"选项组中的"当前页"是指（　　）。

  A. 当前光标所在页　　　　　　　　B. 当前窗口显示页

  C. 第 1 页　　　　　　　　　　　　D. 最后 1 页

46. 在 Word 2010 的编辑状态下，图片或形状的三维效果位于（　　）选项卡中。

  A. 视图　　　　B. 格式　　　　C. 绘图　　　　D. 图片

47. 在 Word 2010 的编辑状态下，在文档每一页底端插入注释，应该插入的注释是（　　）。

  A. 脚注　　　　B. 尾注　　　　C. 题注　　　　D. 批注

48. 在 Word 2010 的编辑状态，项目编号的作用是（　　）。

  A. 为每个标题编号　　　　　　　　B. 为每个自然段编号

  C. 为每行编号　　　　　　　　　　D. 以上都正确

49. 在 Word 2010 的编辑状态，关于拆分表格，正确的说法是（　　）。

  A. 只能将表格拆分为左右两部分　　　B. 可以自行设置拆分的行列数

  C. 只能将表格拆分为上下两部分　　　D. 只能将表格拆分为列

50. 在 Word 2010 的编辑状态，若要选定表格中的一行，正确的操作是（　　）。

  A. 按【Alt+Enter】组合键

  B. 按【Alt】键，并拖动鼠标

C. 选择"表格"→"选定"→"表格"中的任意列

D. 单击"表格工具"→"布局"→"选择"→"选择行"按钮

51. 在 Word 2010 的编辑状态中,使用只读方式打开文档,修改之后若要进行保存,可以使用的方法是(　　　　)。

A. 更改文件属性

B. 单击 🔲 按钮

C. 选择"文件"→"另存为"命令

D. 选择"文件"→"保存"命令

52. 在 Word 2010 编辑状态下,格式刷可以复制(　　　　)。

A. 段落的格式和内容

B. 段落和文字的格式和内容

C. 文字的格式和内容

D. 段落和文字的格式

53. 在 Word 2010 的编辑状态,单击"开始"选项卡中的"粘贴"按钮后,下面说法不正确的是(　　　　)。

A. 被选择的内容复制到指定点处

B. 被选择的内容移到剪贴板处

C. 被选择的内容复制到插入点处

D. 剪贴板中的内容复制到插入点处

54. 在 Word 2010 的(　　　　)视图方式下,可以显示分页效果。

A. 普通　　　　　B. 大纲　　　　　C. 页面　　　　　D. Web 版式视图

55. 在 Word 2010 编辑状态下,绘制一个文本框,应使用的选项卡是(　　　　)。

A. 插入　　　　　B. 开始　　　　　C. 页面布局　　　　　D. 引用

56. 在 Word 2010 的编辑状态,连续进行了两次"插入"操作,当单击一次"撤销"按钮后(　　　　)。

A. 将两次插入的内容全部取消

B. 将第一次插入的内容全部取消

C. 将第二次插入的内容全部取消

D. 两次插入的内容都不被取消

57. 在 Word 2010 中无法实现的操作是(　　　　)。

A. 在页眉中插入剪贴画

B. 建立奇偶页内容不同的页眉

C. 在页眉中插入分隔符

D. 在页眉中插入日期

58. 在 Word 2010 的编辑状态,可以显示页面四角的视图方式是(　　　　)。

A. 普通视图方式

B. 页面视图方式

C. 大纲视图方式

D. 各种视图方式

59. 在 Word 2010 的编辑状态,进行"替换"操作时,应当使用(　　　　)中的命令。

A. "插入"选项卡

B. "视图"选项卡

C. "审阅"选项卡

D. "开始"选项卡

60. 进入 Word 2010 的编辑状态后,在默认状态下进行中文标点符号与英文标点符号之间切换的快捷键是(　　　　)。

A.【Shift+空格】　　　B.【Shift+Ctrl】　　　C.【Ctrl+.】　　　D.【Shift+.】

61. 在"文件"选项卡中,右侧列出的文件名表示(　　　　)。

A. 这些文件已被打开

B. 这些文件已调入内存

C. 这些文件最近被处理过

D. 这些文件正在脱机打印

62. Word 2010"开始"选项卡中的"格式刷"可用于复制文本或段落的格式,若要将选中的文本或段落格式重复应用多次，应（　　　）。

A．单击"格式刷"按钮　　　　　　　　　　B．双击"格式刷"按钮

C．右击"格式刷"按钮　　　　　　　　　　D．拖动"格式刷"按钮

63．在 Word 2010 的编辑状态，当前正编辑一个新建文档"文档 1"，当选择"Office 按钮"中的"保存"命令后，（　　　）。

A．该"文档 1"被存盘

B．弹出"另存为"对话框，以供进一步操作

C．自动以"文档 1"为名存盘

D．不能以"文档 1"存盘

64．在 Word 2010 的编辑状态，当前编辑文档中的字体全是宋体字，选择某段文字使之呈蓝色底纹显示，先设置楷体，又设置仿宋体，则（　　　）。

A．文档全文都是楷体　　　　　　　　　　B．被选择的内容仍为宋体

C．被选择的内容变为仿宋体　　　　　　　D．文档的全部文字的字体不变

65．在 Word 2010 的编辑状态，选择了整个表格，单击"表格工具"→"布局"选项卡中的"删除行"按钮，则（　　　）。

A．整个表格被删除　　　　　　　　　　　B．表格中一行被删除

C．表格中一列被删除　　　　　　　　　　D．表格中没有被删除的内容

66．在 Word 2010 的编辑状态，为文档设置页码，可以使用（　　　）。

A．"开始"选项卡中的按钮　　　　　　　　B．"视图"选项卡中的按钮

C．"引用"选项卡中的按钮　　　　　　　　D．"插入"选项卡中的按钮

67．在 Word 2010 的编辑状态，当前编辑的文档是 C 盘中的 dl.docx 文档，要将该文档复制到 U 盘，应当使用（　　　）。

A．"文件"中的"另存为"按钮　　　　　　B．"文件"中的"保存"按钮

C．"文件"中的"新建"按钮　　　　　　　D．"插入"选项卡中的按钮

68．在 Word 2010 的编辑状态，共新建了两个文档，没有对该两个文档进行"保存"或"另存为"操作，则（　　　）。

A．两个文档名都出现在"文件"中　　　B．两个文档名不出现在"文件"中

C．只有第一个文档名出现在"文件"中　　D．只有第二个文档名出现在"文件"中

69．在 Word 2010 的编辑状态中，打开了一个文档，对文档未做任何修改，随后单击 Word 2010 应用程序窗口标题栏右侧的"关闭"按钮或者单击"文件"中的"退出"命令，则（　　　）。

A．仅文档窗口被关闭

B．文档和 Word 2010 主窗口全被关闭

C．仅 Word 2010 主窗口被关闭

D．文档和 Word 2010 主窗口全未被关闭

70．在 Word 2010 的编辑状态中，文档窗口显示出水平标尺，此时拖动水平标尺上沿的"首行缩进"滑块，则（　　　）。

A．文档中各段落的首行起始位置都重新确定

B．文档中被选择的各段落首行起始位置都重新确定

C. 文档中各行的起始位置都重新确定

D. 插入点所在段落的起始位置被重新确定

71. 在 Word 2010 的编辑状态中，被编辑文档中的文字有"四号""五号""16 磅""18 磅" 4 种，下列关于所设定字号大小的比较中，正确的是（　　　　）。

　　A. "四号"大于"五号"　　　　　　　　B. "四号"小于"五号"

　　C. "16 磅"大于"18 磅"　　　　　　　　D. 字的大小一样，字体不同

72. 在 Word 2010 的表格操作中，计算求和的函数是（　　　　）。

　　A. Count　　　　　B. Sum　　　　　C. Total　　　　　D. Average

73. 在 Word 2010 的编辑状态中，对已经输入的文档进行分栏操作，需要使用的选项卡是（　　　　）。

　　A. 插入　　　　　B. 视图　　　　　C. 页面布局　　　　　D. 审阅

74. 在 Word 2010 中，页眉和页脚不能设置的格式是（　　　　）。

　　A. 字形和字号　　B. 边框和底纹　　C. 对齐方式　　　　D. 分栏

75. 在 Word 2010 的编辑状态中，如果要输入希腊字母 Ω，则需要使用的选项卡是（　　　　）。

　　A. 开始　　　　　B. 插入　　　　　C. 审阅　　　　　D. 视图

76. 在 Word 2010 的文档中插入数学公式，应在"插入"选项卡中单击的按钮是（　　　　）。

　　A. 符号　　　　　B. 图片　　　　　C. 形状　　　　　D. 对象

77. 在 Word 2010 中，如果要使文档内容横向打印，在"页面布局"选项卡中，应单击的按钮是（　　　　）。

　　A. 纸张方向　　　B. 页边距　　　　C. 纸张大小　　　　D. 文字方向

78. 在 Word 2010 中，要将插入点移到所在行的开始位置，可按快捷键（　　　　）。

　　A.【Ctrl+End】　　B.【Ctrl+Home】　　C.【Ctrl+-】　　　　D.【Home】

79. 在 Word 2010 中，实现撤销功能的快捷键是（　　　　）。

　　A.【Ctrl+Z】　　　B.【Ctrl+V】　　　C.【Ctrl+Y】　　　　D.【Ctrl+U】

80. 要复制字符的格式而不复制字符，需用的按钮（　　　　）。

　　A. 格式选定　　　B. 复制　　　　　C. 格式刷　　　　　D. 字符边框

81. 在 Word 2010 的文档窗口中，插入点标记是一个（　　　　）。

　　A. 水平横条线符号　　　　　　　　　B. I 形鼠标指针符号

　　C. 闪烁的黑色竖条线符号　　　　　　D. 箭头形鼠标指针符号

82. 在 Word 2010 中，将鼠标指针移到文档左侧的选定区并要选定整个文档，则鼠标的操作是（　　　　）。

　　A. 单击左键　　　B. 单击右键　　　C. 双击左键　　　　D. 三击左键

83. 在 Word 2010 中，将整个文档选定的快捷键是（　　　　）。

　　A.【Ctrl+A】　　　B.【Ctrl+C】　　　C.【Ctrl+V】　　　　D.【Ctrl+X】

84. Word 2010 的查找和替换功能十分强大，不属于其中之一的是（　　　　）。

　　A. 能够查找文本与替换文本中的格式　　B. 能够查找和替换带格式及样式的文本

　　C. 能够查找图形对象　　　　　　　　　D. 能够用通配字符进行复杂的搜索

85. 在 Word 2010 中，用户可以通过（　　　）命令对文档设置"打开权限密码"。

  A. "另存为"对话框"工具"按钮中的"Web 选项"

  B. "另存为"对话框"工具"按钮中的"常规选项"

  C. "另存为"对话框"工具"按钮中的"保存选项"

  D. "另存为"对话框"保存"按钮中的"常规选项"

86. 在 Word 2010 中，对于"字号"下拉列表框内选择所需字号的大小或磅值说法正确的是（　　　）。

  A. 字号越大字越大，磅值越大字越大   B. 字号越小字越大，磅值越小字越大

  C. 字号越大字越小，磅值越大字越大   D. 字号越大字越大，磅值越大字越小

87. 在 Word 2010 中，如果要复制已选定的文字，则可使用（　　　）按钮。

  A. 复制   B. 格式刷   C. 粘贴   D. 恢复

88. 在 Word 2010 中，当拖动水平标尺上的列标记调整表格中单元格的宽度时，同时按住（　　　）键，则在标尺上会显示列宽的具体数据。

  A. 【Shift】   B. 【Alt】   C. 【Ctrl】   D. 【Tab】

89. 要在 Word 2010 表格的某个单元格中，产生一条或多条斜线表头，应该使用（　　　）来实现。

  A. "插入"选项卡"表格"按钮中的"插入表格"

  B. "插入"选项卡"表格"按钮中的"快速表格"

  C. "插入"选项卡"表格"按钮中的"绘制表格"

  D. "插入"选项卡"表格"按钮中的"Excel 电子表格"

90. 一般情况下，Word 2010 能根据单元格中输入内容的多少自动（　　　）。

  A. 调整行高   B. 增加行高   C. 减少行高   D. 调整列宽

91. 在 Word 2010 表格中，合并单元格的正确操作是（　　　）。

  A. 选定要合并的单元格，按【Space】键

  B. 选定要合并的单元格，按【Enter】键

  C. 选定要合并的单元格，右击，在弹出的快捷菜单中选择"合并单元格"命令

  D. 选定要合并的单元格，右击，在弹出的快捷菜单中选择"删除单元格"命令

92. 下列关于 Word 2010 表格功能的描述，正确的是（　　　）。

  A. Word 2010 对表格中的数据既不能进行排序，也不能进行计算

  B. Word 2010 对表格中的数据能进行排序，但不能进行计算

  C. Word 2010 对表格中的数据不能进行排序，但可以进行计算

  D. Word 2010 对表格中的数据既能进行排序，也能进行计算

93. 在 Word 2010 表格中，对表格的内容进行排序，下列不能作为排序类型的有（　　　）。

  A. 笔画   B. 拼音   C. 偏旁部首   D. 数字

2.5　电子表格 Excel 2010

1. 在 Excel 2010 中，一张工作表里最多有（　　　）。

 A. 65 535 行　　　　B. 65 536 行　　　　C. 1 000 000 行　　　D. 1 048 576 行

2. 在 Excel 2010 中，工作表的列坐标范围是（　　　）。

 A. A ~ IV　　　　B. A ~ VI　　　　C. A ~ XFD　　　　D. A ~ UID

3. 在 Excel 2010 中，在单元格中输入数字字符串 100102（邮政编码）时，应输入（　　　）。

 A. 100102　　　B. "100102"　　　C. '100102　　　D. '100102'

4. 在 Excel 2010 中，一个 Excel 工作簿文件第一次存盘默认的扩展名是（　　　）。

 A. .xls　　　　B. .xlsx　　　　C. .xclx　　　　D. .docx

5. 在 Excel 2010 中，新建工作簿，默认的名称为（　　　）。

 A. Book　　　　B. 表　　　　C. Book1　　　　D. 表 1

6. 在 Excel 2010 中，双击 Excel 2010 窗口标题栏的作用等同于单击（　　　）按钮。

 A. 打印预览　　　B. 最小化　　　C. 最大化／还原　　　D. 关闭

7. 在 Excel 2010 中，把单元格指针移到 AZ2500 单元格最快速的方法是（　　　）。

 A. 拖动滚动条

 B. 按【Ctrl+方向键】组合键

 C. 在名称框中输入 AZ2500，并按【Enter】键

 D. 先用【Ctrl+→】组合键移到 AZ 列，再用【Ctrl+↓】组合键移到 2 500 行

8. 在 Excel 2010 中，填充柄位于（　　　）。

 A. 当前单元格的左下角　　　　　　B. 当前单元格的左上角

 C. 当前单元格的右下角　　　　　　D. 当前单元格的右上角

9. 在 Excel 2010 中，如果单元格 A1 中为 Mon，那么向下拖动填充柄到 A3，则 A3 单元格应为（　　　）。

 A. Wed　　　　B. Mon　　　　C. Tue　　　　D. Fri

10. 在 Excel 2010 中，在一个单元格中输入文本时，文本数据在单元格中的对齐方式是（　　　）。

 A. 左对齐　　　　B. 右对齐　　　　C. 居中对齐　　　　D. 随机对齐

11. 在 Excel 2010 中，可以使用（　　　）选项卡中的命令来为单元格加上批注。

 A. 开始　　　　B. 插入　　　　C. 审阅　　　　D. 数据

12. 在 Excel 2010 中，显示键盘状态的是在（　　　）。

 A. 状态栏　　　　B. 任务栏　　　　C. 标题栏　　　　D. 菜单栏

13. 在 Excel 2010 中，以下可用于关闭当前 Excel 2010 工作簿文件的方式是（　　　）。

 A. 双击标题栏　　　　　　　　　　B. 按【Alt+F4】组合键

 C. 单击标题栏"关闭"按钮　　　　　D. 单击功能区右上角的"关闭"按钮

14. 在 Excel 2010 中，以下方法中可用于退出 Excel 程序的是（　　　）。

 A. 双击标题栏　　　　　　　　　　B. 单击标题栏中的"关闭"按钮

 C. 单击功能区右上角的"关闭"按钮　　D. 按【Ctrl+F4】组合键

15. 在 Excel 2010 中，如果不允许修改工作表中的内容，可以使用的操作是单击（　　　）。

 A. "数据"选项卡中的"数据有效性"按钮

B. "审阅"选项卡中的"保护工作表"按钮

C. "开始"选项卡中的"单元格样式"按钮

D. "视图"选项卡中的"冻结窗格"按钮

16. 关于 Excel 2010，下列叙述中错误的是（　　　）。

A. Excel 2010 是表格处理软件

B. Excel 2010 不具有数据库管理能力

C. Excel 2010 具有报表编辑、分析数据、图表处理、连接及合并等功能

D. 在 Excel 2010 中可以利用宏功能简化操作

17. 关于启动 Excel 2010，下列叙述错误的是（　　　）。

A. 在磁盘区域右击，在弹出的快捷菜单中选择"新建"→"Microsoft Office Excel 工作表"命令，新建文件的同时可以启动

B. 通过操作系统的"开始"→"所有程序"→Microsoft Office→Microsoft Office Excel 2010 命令启动

C. 双击打开某工作簿文件，可以启动 Excel 2010 程序

D. 双击 IE 浏览器，可以启动 Excel 2010 程序

18. 在 Excel 2010 中，直接处理的对象称为工作表，若干工作表的集合称为（　　　）。

A. 工作簿　　　　B. 文件　　　　C. 字段　　　　D. 活动工作簿

19. 在 Excel 2010 中，下面关于单元格的叙述中正确的是（　　　）。

A. A4 表示第 4 列第 1 行的单元格

B. 在编辑过程中，单元格地址在不同的环境中会有所变化

C. 工作表中的单元格是由单元格地址来表示的

D. 为了区分不同工作表中相同地址的单元格地址，可以在单元格前加上工作表的名称，中间用#间隔

20. 在 Excel 2010 中，工作簿名称被放置在（　　　）。

A. 标题栏　　　　　　　　　　　B. 状态栏

C. 功能区　　　　　　　　　　　D. 快速访问工具栏

21. 在 Excel 2010 中，单元格地址是指（　　　）。

A. 每一个单元格　　　　　　　　B. 每一个单元格的大小

C. 单元格所在的工作表　　　　　D. 单元格在工作表中的位置

22. 在 Excel 2010 中，将单元格变为活动单元格的操作是（　　　）。

A. 用鼠标单击该单元格

B. 将鼠标指针指向该单元格

C. 在当前单元格内输入该目标单元格地址

D. 没必要，因为每一个单元格都是活动的

23. 在 Excel 2010 中，"页面设置"按钮位于（　　　）。

A. "页面布局"选项卡　　　　　　B. "公式"选项卡

C. "开始"选项卡　　　　　　　　D. "视图"选项卡

24. 在 Excel 2010 中，"页面设置"功能能够（　　　）。
    A. 打印预览
    B. 改变页边距
    C. 保存工作簿
    D. 设置单元格格式

25. 在 Excel 2010 中，如果希望打印内容处于页面中心，可以使用（　　　）。
    A. 在"页面设置"对话框的"页眉/页脚"选项卡中，"居中方式"中，选择"水平"和"垂直"
    B. 在"页面设置"对话框的"页面"选项卡中，"居中方式"中，选择"水平"和"垂直"
    C. 在"页面设置"对话框的"页边距"选项卡中，"居中方式"中，选择"水平"和"垂直"
    D. 横向打印

26. 在 Excel 2010 中，给工作表添加页眉和页脚的操作是（　　　）。
    A. 在"页面设置"对话框中选择"页眉/页脚"选项卡
    B. 在"页面设置"对话框中选择"页面"选项卡
    C. 在"页面设置"对话框中选择"页边距"选项卡
    D. 在"页面设置"对话框中选择"工作表"选项卡

27. 在 Excel 2010 中，当工作表单元格的字符串超过该单元格的宽度时，下列叙述中不正确的是（　　　）。
    A. 该字符串有可能占用其左侧单元格的空间，将全部内容显示出来
    B. 该字符串可能占用其右侧单元格的空间，将全部内容显示出来
    C. 该字符串可能只在其所在单元格内显示部分内容，其余部分被其右侧单元格中的内容覆盖
    D. 该字符串可能只在其所在单元格内显示部分出来，多余部分被删除

28. 在 Excel 2010 中，以下有关格式化工作表的叙述中不正确的是（　　　）。
    A. 通过"开始"选项卡中相应的命令来进行格式化
    B. 可以右击单元格，在弹出的快捷菜单中选择"设置单元格格式"命令来进行格式化
    C. 通过"审阅"选项卡中相应的命令来进行格式化
    D. 可以使用"格式刷"复制某些格式

29. 在 Excel 2010 申，工作表的列宽可以通过（　　　）来完成调整。
    A. "审阅"选项卡中的"修订"按钮
    B. "页面布局"选项卡中的"页边距"按钮
    C. "开始"选项卡中的"格式"按钮
    D. "开始"选项卡中的"对齐方式"按钮

30. 在 Excel 2010 中，下列序列中不属于 Excel 预设自动填充序列的是（　　　）。
    A. 星期一，星期二，星期三，…
    B. 一车间，二车间，三车间，…
    C. 甲，乙，丙，…
    D. Mon，Tue，Wed，…

31. 在 Excel 2010 中，使用公式输入数据，一般在公式前需要加（　　　）。
    A. =
    B. 单引号
    C. $
    D. *

32. 在 Excel 2010 中，若使该单元格显示 0.3，应该输入（　　）。

    A. 6/20　　　　　B. "6/20"　　　　　C. ="6/20"　　　　　D. =6/20

33. 在 Excel 2010 中，公式"=$C1+E$1"是（　　）。

    A. 相对引用　　　B. 绝对引用　　　C. 混合引用　　　D. 任意引用

34. 在 Excel 2010 中，下列选项中属于对单元格的绝对引用的是（　　）。

    A. B2　　　　　　B. ￥B￥2　　　　C. $B2　　　　　D. $B$2

35. 在 Excel 2010 中，若在编辑栏中输入公式"="10-4-12" - "10-3-2""，将在活动单元格中将得到（　　）。

    A. 4 1　　　　　　B. 10-3-11　　　　C. 10-3-10　　　　D. 40

36. 在 Excel 2010 中，已知工作表中 K6 单元格中为公式"=F6*$D$4"，在第 3 行处插入一行，则插入后 K7 单元格中的公式为（　　）。

    A. =F7*$D$5　　　B. =F7*$D$4　　　C. =F6*$D$5　　　D. =F6*$D$4

37. 在 Excel 2010 中，使用表达式$D$1引用工作表第 D 列第 1 行的单元格，这称为对单元格地址的（　　）。

    A. 绝对引用　　　B. 相对引用　　　C. 混合引用　　　D. 交叉引用

38. 在 Excel 2010 中，工作表 A1 单元格的内容为公式"=SUM(B2:D7)"，在用删除行的命令将第 2 行删除后，A1 单元格中的公式将调整为（　　）。

    A. =SUM(ERR)　　　　　　　　　　B. =SUM(B3:D-7)

    C. =SUM(B2:D6)　　　　　　　　　D. #VALUE 1

39. 在 Excel 2010 中，已知工作表中 C3 单元格与 D4 单元格的值均为 10，C4 单元格中为公式"=C3=D4"，则 C4 单元格显示的内容为（　　）。

    A. C3=D4　　　　B. TRUE　　　　　C. #N/A　　　　　D. 10

40. 在 Excel 2010 中，若在 A2 单元格中输入"=8^2"，则显示结果为（　　）。

    A. 16　　　　　　B. 64　　　　　　C. =8^2　　　　　D. 8^2

41. 在 Excel 2010 中，若在 A2 单元格中输入"=56>=57"，则显示结果为（　　）。

    A. 56>57　　　　B. =56<57　　　　C. TRUE　　　　　D. FALSE

42. 在 Excel 2010 中，下列公式合法的是（　　）。

    A. =A2-C6　　　　B. =D5+F7　　　　C. =A3，IcA4　　　D. 以上都合法

43. 在 Excel 2010 中，公式"=AVERAGE(AI:A4)"等价于下列公式中的（　　）。

    A. =A1+A2+A3+A4　　　　　　　　B. =A1+A2+A3+A4/4

    C. =(A1+A2+A3+A4)/4　　　　　　D. =(A1+A4)\4

44. 在 Excel 2010 中，如果为单元格 A4 赋值 9，为单元格 A6 赋值 4，单元格 A8 为公式"=IF（A4/3>A6, "OK","GOOD"）"，则 A8 的值应当是（　　）。

    A. OK　　　　　　B. GOOD　　　　　C. #REF　　　　　D. #NAME?

45. 在 Excel 2010 的工作表中，若单元格 D3 中的数值为 15，E3 中的数值为 20，D4 中的数值为 10，E4 中的数值为 25，单元格 F3 中的公式为"=D3+$E$3"，将此公式复制到 F4 单元格中，则 F4 单元格的值为（　　）。

　　A．35　　　　　　　B．40　　　　　　　C．30　　　　　　　D．25

46．在 Excel 2010 中，将 B2 单元格中的公式"=AI+A2−C1"复制到单元格 C3 后公式为（　　）。

　　A．=A1+A2−C6　　B．=B2+B3−D2　　C．=D1+D2−F6　　D．=D1+D2+D6

47．在 Excel 2010 中，如果想利用公式在工作表区域 BI:B25 中输入起始值为 1，公差为 2 的等差数列。其操作过程如下：先在 B1 单元格中输入数字 1，然后在 B2 单元格中输入公式（　　），最后将该公式向下复制到区域 B3:B25 中。

　　A．=B1+2　　　　　B．=2−Bl　　　　　C．−B1−2　　　　　D．=$B$1+2

48．在 Excel 2010 中，要改变工作表的标签，可以使用的方法是（　　）。

　　A．利用"审阅"选项卡中的"保护工作簿"按钮

　　B．利用"开始"选项卡中的"单元格"按钮

　　C．双击工作表标签

　　D．单击工作表标签

49．在 Excel 2010 中，位于 Excel 窗口顶部用于输入或编辑单元格或图表中的值或公式的这块条形区域称为（　　）。

　　A．编辑栏　　　　　B．标题栏　　　　　C．功能区　　　　　D．选项卡

50．在 Excel 2010 中，设工作表区域 A1:A12 单元格区域从上向下顺序存储有某商店 1～12 月的销售额。为了在区域 B1:B12 单元格区域中从上向下顺序得到从 1 月到各月的累计销售额，其操作过程如下：先在 B1 单元格中输入公式（　　），然后将其中的公式向下复制到区域 B2:B12 中。

　　A．=SUM(A1:A1)　　　　　　　　　B．=SUM(A1:A12)

　　C．=SUM(A1:A$1)　　　　　　　　　D．=SUM(A1:$A1)

51．在 Excel 2010 中，要在工作簿中同时选择多个不相邻的工作表，在依次单击各个工作表标签的同时应该按住（　　）键。

　　A．【Ctrl】　　　　　B．【Shift】　　　　C．【Alt】　　　　　D．【Delete】

52．在 Excel 2010 中，下列说法不正确的是（　　）。

　　A．若要删除一行，右击该行行号，在弹出的快捷菜单中选择"清除内容"命令

　　B．若要选定一行，单击该行行号即可

　　C．若想使某一单元格成为活动单元格，单击此单元格即可

　　D．为了创建图表，可以使用"插入"选项卡中的"图表"命令

53．在 Excel 2010 中，设定文档打印份数可利用的是（　　）。

　　A．"开始"选项卡中的"样式"命令

　　B．"页面布局"选项卡中的"工作表选项"命令

　　C．"视图"选项卡中的"窗口"命令

　　D．"数据"选项卡中的"数据工具"命令

54．在 Excel 2010 中，若要在工作表中选定一个单元格区域，可以执行下列操作中的（　　）。

　　A．右击并选择"复制"命令　　　　　B．从单元格区域的右上角拖动到左下角

　　C．右击并选择"筛选"命令　　　　　D．在屏幕左边的行号上向下拖动鼠标

55. 在 Excel 2010 中，选中两个单元格后使两个单元格合并成一个单元格，正确的操作应该是（   ）。

    A. 在"数据"选项卡中单击"合并后居中"按钮

    B. 在"审阅"选项卡中单击"合并后居中"按钮

    C. 在"开始"选项卡中单击"合并后居中"按钮

    D. 在"页面布局"选项卡中单击"合并后居中"按钮

56. 在 Excel 2010 中，在工作表某列第一个单元格中输入等差数列起始值，若要完成逐一增加的等差数列填充输入，正确的操作是（   ）。

    A. 拖动单元格右下角的填充柄，直到等差数列最后一个数值所在单元格

    B. 按住【Ctrl】键，拖动单元格右下角的填充柄，直到等差数列最后一个数值所在单元格

    C. 按住【Alt】键，拖动单元格右下角的填充柄，直到等差数列最后一个数值所在单元格

    D. 按住【Shift】键，拖动单元格右下角的填充柄，直到等差数列最后一个数值所在单元格

57. 在 Excel 2010 中，工作表 G8 单元格存放的是某日期型数据，执行某操作之后，在 G8 单元格中显示一串"#"，说明 G8 单元格的（   ）。

    A. 公式有错，无法计算   B. 数据已经因操作失误而丢失

    C. 显示宽度不够，只要调整列宽度即可   D. 格式与类型不匹配，无法显示

58. 在 Excel 2010 中，若利用自定义序列功能建立新序列，在输入的新序列各项之间要加以分隔的符号是（   ）。

    A. 分号"；"   B. 冒号"："   C. 叹号"！"   D. 逗号"，"

59. 下列关于 Excel 2010 的叙述中，正确的是（   ）。

    A. Excel 2010 将工作簿的每一张工作表分别作为一个独立的 Excel 文件来保存

    B. Excel 2010 的图表必须与生成该图表的源数据处于同一张工作表上

    C. Excel 2010 工作表的名称由文件名决定

    D. Excel 2010 允许一个工作簿中包含多个工作表

60. 在 Excel 2010 中，创建图表的命令是在（   ）中。

    A. "开始"选项卡   B. "页面布局"选项卡

    C. "视图"选项卡   D. "插入"选项卡

61. 在 Excel 2010 工作簿中，既有一般工作表又有图表，当执行"保存"命令时，则（   ）。

    A. 只保存工作表文件   B. 只保存图表文件

    C. 分别保存   D. 将二者同时保存

62. 在 Excel 2010 中，如果将图表作为工作表插入，则默认的名称为（   ）。

    A. 工作表 1   B. Chart1   C. Sheet4   D. 图表 1

63. 在 Excel 2010 中，若要设置图表标题格式，应该（   ）。

    A. 双击图表标题   B. 在"图表样式"中选择相应命令

C. 在"图表布局"中选择相应命令　　　　D. 在图表标题上右击，选择相应命令

64. 在 Excel 2010 中，创建图表之后，可以进行的修改不包括（　　　）。

　　A. 添加图表标题　　　　　　　　　　B. 移动或隐藏图例

　　C. 更改坐标轴的显示方式　　　　　　D. 修改数据表的数据

65. 在 Excel 2010 中，"XY 图"指的是（　　　）。

　　A. 散点图　　　　　B. 柱形图　　　　　C. 条形图　　　　　D. 折线图

66. 在 Excel 2010 工作簿中，默认打开的工作表数是（　　　）。

　　A. 1　　　　　　　B. 3　　　　　　　C. 255　　　　　　D. 任意多个

67. 在 Excel 2010 中，单击图表使图表被选中后，则"插入"选项卡（　　　）。

　　A. 发生了变化　　　　　　　　　　　B. 没有变化

　　C. 均不能使用　　　　　　　　　　　D. 与图表操作无关

68. 在 Excel 2010 中，如果数据表中一些数据已不需要，那么将其删除后，相应图表的相应内容将（　　　）。

　　A. 自动删除　　　B. 更新后删除　　　C. 不变化　　　　D. 以虚线显示

69. 在 Excel 2010 中，当产生图表的基础数据发生变化后，图表将（　　　）。

　　A. 发生相应的改变　　　　　　　　　B. 发生改变，但与数据无关

　　C. 不会改变　　　　　　　　　　　　D. 被删除

70. 在 Excel 2010 中，在工作表里创建图表后，选中图表，功能区中将新出现（　　　）。

　　A. "审阅"选项卡　　　　　　　　　　B. "图表工具"选项卡

　　C. "图表布局"选项卡　　　　　　　　D. "视图"选项卡

71. 在 Excel 2010 中，重命名工作表的操作是（　　　）。

　　A. 单击工作表标签，选择"重命名"命令

　　B. 双击工作表标签，选择"重命名"命令

　　C. 右击工作表标签，选择"重命名"命令

　　D. A、B、C 都正确

72. 在 Excel 2010 中，活动单元格是指（　　　）。

　　A. 可以随意移动的单元格　　　　　　B. 随其他单元格的变化而变化的单元格

　　C. 已经改动了的单元格　　　　　　　D. 正在操作的单元格

73. 在 Excel 2010 中，如果 A1 单元格设定其格式为保留 0 位小数，那么当输入 45.51 时将会显示（　　　）。

　　A. 45.51　　　　　B. 45　　　　　　C. 46　　　　　　D. ERROR

74. 在 Excel 2010 工作表中，A5 单元格中的内容是 A5，拖动填充柄至 C5，则 B5、C5 单元格的内容分别为（　　　）。

　　A. B5　C5　　　　B. B6　C7　　　　C. A6　A7　　　　D. A5　A5

75. 在 Excel 2010 工作表，A1 和 A2 单元格的内容和选定的区域如图 2-1 所示，将鼠标移至 A2 单元格右下角处，鼠标形状为实心"+"时，拖动鼠标至 A5 单元格，此时 A4 单元格的内容为（　　　）。

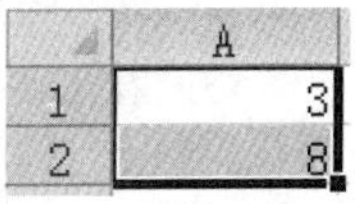

图 2-1　第75题图

  A. 8   B. 10   C. 18   D. 23

76. 在 Excel 2010 中，打印学生成绩单时，对不及格的成绩用醒目的方式表示（如及格的用蓝色加粗字体表示，不及格的用红色倾斜字体表示等），当要处理大量的学生成绩时，最为方便的操作是（　　　）。

  A. 查找   B. 条件格式   C. 筛选   D. 定位

77. 在 Excel 中，各运算符号的优先级由高到低的顺序为（　　　）。

  A. 算术运算符、比较运算符、文本连接运算符

  B. 算术运算符、文本连接运算符、比较运算符

  C. 比较运算符、文本连接运算符、算术运算符

  D. 文本连接运算符、算术运算符、比较运算符

78. 在 Excel 2010 工作表中，已知单元格 A1 中存有数值 563.68，若在 B1 中输入函数"=INT(A1)，则 B1 的显示结果是（　　　）。

  A. 564   B. 563.7   C. 560   D. 563

79. 在 Excel 2010 工作簿中，有 Sheet1、Sheet2 和 Sheet3 这 3 个工作表，如图 2-2 所示，连续选定这 3 个工作表，在 Sheet1 工作表的 A1 单元格内输入数值 9 并按【Enter】键后，则 Sheet2 工作表和 Sheet3 工作表的 A1 单元格中（　　　）。

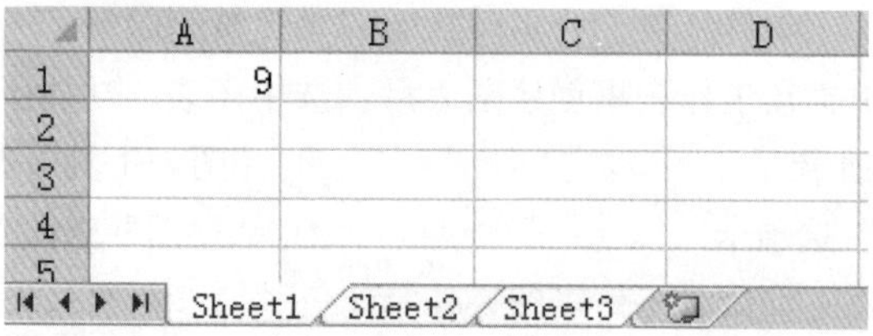

图 2-2　第 79 题图

  A. 内容均为数值 0   B. 内容均为数值 9

  C. 内容均为数值 10   D. 无数据

80. 在 Excel 2010 中，升序排序默认（　　　）。

  A. 逻辑值 FALSE 在 TRUE 之前

  B. 逻辑值 TRUE 在 FALSE 之前

  C. 逻辑值 TRUE 和 FALSE 等值

  D. 逻辑值 TRUE 和 FALSE 保持原始次序

81. 在 Excel 2010 中，已知单元格 B1 中存放函数 LEFT(A1,5) 的值为 ABCDE，若在单元格 B2 中输入函数"=MID(A1,2,2)"，则 B2 的值为（　　　）。

  A. AB   B. BC   C. CD   D. DE

82. 在 Excel 2010 中，以下会在字段名的单元格内加上一个下拉按钮的操作是 （　　　）。

  A. 筛选   B. 分列   C. 排序   D. 合并计算

83. 在 Excel 2010 中，执行了插入工作表的操作后，新插入的工作表（　　　）。

  A. 在当前工作表之前   B. 在当前工作表之后

  C. 在所有工作表的前面   D. 在所有工作表的后面

84. 在 Excel 2010 中，用筛选条件"英语>75"与"总分>=240"对成绩数据进行筛选后，在筛选结果中都是（　　）。
    A. 英语>75 的记录
    B. 英语>75 且总分>=240 的记录
    C. 总分>=240 的记录
    D. 英语>75 或总分>=240 的记录

85. 在 Excel 2010 中，为工作表中的数据建立图表，正确的说法是（　　）。
    A. 只能建立一张单独的图表工作表，不能将图表嵌入工作表中
    B. 只能为连续的数据区建立图表，数据区不连续时不能建立图表
    C. 图表中的图表类型一经选定建立图表后，将不能修改
    D. 当数据区中的数据系列被删除后，图表中的相应内容也会被删除

86. 在 Excel 2010 中，要在图表中加入文本，可以选择"插入"选项卡中的（　　）。
    A. 数据透视表　　B. 超链接　　C. 文本框　　D. 对象

87. 在 Excel 2010 中，当鼠标指针指向超链接标志时，会弹出的提示是（　　）。
    A. 是否打开链接
    B. 是否取消链接
    C. 链接建立时间
    D. 该链接目标地址

88. 在 Excel 2010 中，在选取单元格时，鼠标指针状态为（　　）。
    A. 竖条光标
    B. 空心十字光标
    C. 箭头光标
    D. 不确定

89. 在 Excel 2010 中，如果要选取若干不连续单元格，可以（　　）。
    A. 按住【Shift】键依次单击目标单元格
    B. 按住【Ctrl】键依次单击目标单元格
    C. 按住【Alt】键依次单击目标单元格
    D. 按住【Tab】键依次单击目标单元格

90. 在 Excel 2010 中，在单元格中输入身份证号码时应首先输入（　　）。
    A. "：" 　　B. "'" 　　C. "=" 　　D. "/"

91. 在 Excel 2010 工作表中，设有图 2-3 所示形式的数据及公式，现将 A4 单元格中的公式复制到 B4 单元格中，B4 单元格中的内容为（　　）。

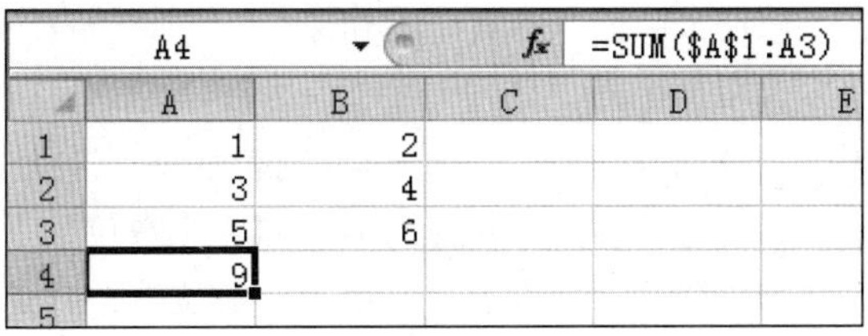

图 2-3　第 91 题图

    A. 9　　B. 12　　C. 30　　D. 21

92. 在 Excel 2010 中，若要在当前单元格的左侧插入一个单元格，右击该单元格后，选择"插入"命令，在弹出的"插入"对话框中选择（　　）选项。
    A. 整行
    B. 活动单元格右移
    C. 整列
    D. 活动单元格下移

93. 在 Excel 2010 中，选中某个单元格后，单击"格式刷"按钮，可以复制单元格的（　　）。
    A. 格式
    B. 内容

C. 全部（格式和内容）　　　　　　　　D. 批注

94. 在 Excel 2010 中，设置单元格的格式可以在（　　　）选项卡中进行设置。

　　A. 开始　　　　　　B. 插入　　　　　　C. 审阅　　　　　　D. 视图

95. 在 Excel 2010 中用鼠标拖动进行复制数据和移动数据时，其在操作上（　　　）。

　　A. 有所不同，区别是：复制数据时，要按住【Ctrl】键

　　B. 完全一样

　　C. 有所不同，区别是：移动数据时，要按住【Ctrl】键

　　D. 有所不同，区别是：复制数据时，要按住【Shift】键

96. 在 Excel 2010 中，当操作数发生变化时，公式的运算结果（　　　）。

　　A. 会发生改变　　　　　　　　　　　　B. 不会发生改变

　　C. 与操作数没有关系　　　　　　　　　D. 会显示出错信息

97. 在 Excel 2010 中，若要为工作表中的数据设置字体格式，（　　　）。

　　A. 可以通过"视图"选项卡中的按钮

　　B. 可以通过"审阅"选项卡中的按钮

　　C. 可以通过"开始"选项卡中的按钮

　　D. 可以通过"数据"选项卡中的按钮

98. 在 Excel 2010 中，若在 A1 单元格中输入(123)，则 A1 单元格中的内容是（　　　）。

　　A. –123　　　　　　B. 123.0　　　　　　C. 123　　　　　　D. (123)

99. 在 Excel 2010 中，若将 123 作为文本数据输入某单元格中，错误的输入方法是（　　　）。

　　A. 123　　　　　　　　　　　　　　　　B. ="123"

　　C. 先输入 123，再设置为文本格式　　　　D. "123"

100. 在 Excel 2010 中，以下不能用于设置列宽的方法是（　　　）。

　　A. 直接在列标处拖动

　　B. 右击列标，选择相应命令

　　C. 利用"开始"选项卡中的"格式"按钮

　　D. 利用"数据"选项卡中的"分列"按钮

101. 在 Excel 2010 中，下列工具按钮 分别表示（　　　）。

　　A. 会计数字格式，百分比样式，标点符号，减少小数位数，增加小数位数

　　B. 货币样式，百分比样式，标点符号，增加小数位数，减少小数位数

　　C. 会计数字格式，百分比样式，千位分隔样式，增加小数位数，减少小数位数

　　D. 货币样式，百分比样式，千位分隔样式，增加小数位数，减少小数位数

102. 在 Excel 2010 中，默认情况下，在单元格中输入完数据后，按【Tab】键，则会（　　　）。

　　A. 向上移动一个单元格　　　　　　　　B. 向下移动一个单元格

　　C. 向左移动一个单元格　　　　　　　　D. 问右移动一个单元格

103. 在 Excel 2010 中，下列关于工作表的叙述中正确的是（　　　）。

　　A. 工作表是计算和存取数据的文件

　　B. 工作表的名称在工作簿的顶部显示

C. 无法对工作表的名称进行修改

D. 工作表的默认名称是 Sheet1，Sheet2⋯

104. 在 Excel 2010 中，以工作表 Sheet1 中某区域的数据为基础建立的独立图表，该图表标签 Chart1 在标签栏中的位置是（　　　）。

  A. Sheet1 之前 B. Sheet1 之后 C. 最后一个 D. 不确定

105. 在 Excel 2010 中，下面不是工作簿的保存方法的为（　　　）。

  A. 单击"文件"→"保存"按钮

  B. 单击快速访问工具栏中的"保存"按钮

  C. 按【Ctrl+S】组合键

  D. 按【Alt+S】组合键

106. 在 Excel 2010 中，若一个工作簿有 16 张工作表，标签为 Sheet1～Sheet16，若当前工作表为 Sheet5，将该工作表复制一份到 Sheet8 之前，则复制的工作表标签为（　　　）。

  A. Sheet5(2) B. Sheet5 C. Sheet8(2) D. Sheet7(2)

107. 在 Excel 2010 中，若在工作簿 Book2 的当前工作表中，引用 Book1 工作簿的 Sheet1 中的 A2 单元格数据，正确的引用是（　　　）。

  A. [Book1.xlsx] !sheet1$A$2   B. [Book1.xls] !sheet1$A$2

  C. [Book1.xlsx] sheet1!$A$2   D. [Book1.xls] sheet11$A$2

108. 在 Excel 2010 中，激活图表的正确方法有（　　　）。

  A. 按【F1】键   B. 单击图表

  C. 按【Enter】键   D. 按【Tab】键

109. 在 Excel 2010 中，移动图表的方法是（　　　）。

  A. 将鼠标指针放在图表的边线上单击

  B. 将鼠标指针放在图表的尺寸控点上拖动

  C. 将鼠标指针放在图表内拖动

  D. 将鼠标指针放在图表内双击

110. 在 Excel 2010 中，删除图表中某数据系列的方法可以用（　　　）。

  A. 在图表中选中要清除的数据系列，然后按【Delete】键

  B. 无图表中选中要清除的数据系列，然后按【Enter】键

  C. 在图表中双击要清除的数据系列

  D. 以上都可以

111. 在 Excel 2010 中，已知 A1、B1 单元格中的数据为 33 和 35，C1 单元格中的公式为 "A1+B1"，其他单元格均为空。若把 C1 中的公式复制到 C2，则 C2 显示为（　　　）。

  A. 88   B. 0   C. A1+B1   D. 5 5

112. 在 Excel 2010 中，计算平均值的函数是（　　　）。

  A. COUNT B. AVERAGE C. SUM D. COUNTA

113. 在 Excel 2010 中，进行分类汇总前必须对数据表进行（　　　）。

  A. 筛选   B. 排序   C. 建立数据库 D. 有效计算

114. 在 Excel 2010 中，可以使用（　　）选项卡中的命令来设置是否显示编辑栏。

    A. 插入　　　　　　B. 视图　　　　　　　　C. 开始　　　　　　　　D. 审阅

115. 在 Excel 2010 的工作界面中，（　　）将显示在名称框中。

    A. 工作表名称　　　　　　　　　　　　B. 行号

    C. 列标　　　　　　　　　　　　　　　D. 活动单元格地址

2.6　演示文稿 PowerPoint 2010

1. 关于 PowerPoint 功能描述中，说法正确的是（　　）。

    A. 用来进行文档处理　　　　　　　　　B. 用来制作电子表格

    C. 一种关系数据库管理系统　　　　　　D. 用来制作演示文稿

2. PowerPoint 2010 运行于（　　）环境下。

    A. UNIX　　　　　　B. DOS　　　　　　C. Macintosh　　　　　D. Windows

3. 在 PowerPoint 2010 中，设置文本的段落格式的行距时，设置的行距值是指（　　）。

    A. 文本中行与行间的距离用相对的数值表示大小

    B. 行与行间的实际距离，单位是毫米

    C. 行间距在显示时的像素个数

    D. 以上都不对

4. 在"幻灯片浏览视图"模式下，不允许进行的操作是（　　）。

    A. 幻灯片移动和复制　　　　　　　　　B. 幻灯片切换

    C. 幻灯片删除　　　　　　　　　　　　D. 设置动画效果

5. 在 PowerPoint 2010 的编辑状态下，设置了标尺，能同时显示水平标尺和垂直标尺的视图方式是（　　）。

    A. 普通视图　　　　　　　　　　　　　B. 幻灯片浏览视图

    C. 普通视图和备注页视图　　　　　　　D. 幻灯片放映视图

6. 在 PowerPoint 2010 中，关于新建演示文稿的说法，正确的是（　　）。

    A. 只能使用"主题"　　　　　　　　　B. 只能"样本模板"

    C. 只能使用"空白演示文稿"　　　　　D. 可以使用以上 3 种方法

7. 在 PowerPoint 2010 中，不能对幻灯片中的文本和对象进行编辑的视图方式是（　　）。

    A. 幻灯片浏览视图　　　　　　　　　　B. 大纲视图

    C. 幻灯片视图　　　　　　　　　　　　D. 备注页视图

8. 若要在自选的形状上添加文本，则要（　　）。

    A. 右击插入的图形，再选择"添加文本"命令

    B. 直接在图形上编辑

    C. 另存到图像编辑器编辑

    D. 从记事本上粘贴

9. PowerPoint 2010 模板文件的扩展名为（　　）。

    A. .pptx　　　　　　B. .ppsx　　　　　　C. .potx　　　　　　D. .html

10. 在 PowerPoint 2010 中，以下关于统一改变幻灯片外观的操作中，正确的说法是（　　）。

　　A. "幻灯片版式"可以设置演示文稿中所有幻灯片的外观

　　B. "应用设计模板"命令既可设置所有幻灯片的外观，也可设置选定的某一张幻灯片的外观

　　C. "主题样式"命令只能设置所有幻灯片的外观，不能设置选定的某一张幻灯片的外观

　　D. "背景样式"命令既可设置所有幻灯片的外观，也可设置选定的某一张幻灯片的外观

11. 在 PowerPoint 2010 中，有关选定幻灯片的说法中，错误的是（　　）。

　　A. 在浏览视图中单击幻灯片，即可选定

　　B. 如果要选定多张不连续的幻灯片，在浏览视图下按住【Ctrl】键并单击各张幻灯片

　　C. 如果要选定多张不连续的幻灯片，在浏览视图下按住【Shift】键并单击最后要选定的幻灯片

　　D. 在幻灯片放映视图下，也可以选定多个幻灯片

12. 幻灯片的切换方式是指（　　）。

　　A. 在编辑新幻灯片时的过渡效果

　　B. 在编辑幻灯片时切换不同视图

　　C. 在编辑幻灯片时切换不同的设计模板

　　D. 在幻灯片放映时两张幻灯片间的过渡效果

13. 在 PowerPoint 2010 中，安排幻灯片对象的布局可选择（　　）来设置。

　　A. 应用设计模板　　B. 幻灯片版式　　　　C. 背景样式　　　　　D. 主题方案

14. 在 PowerPoint 2010 中，"页面设置"对话框可以设置幻灯片的（　　）。

　　A. 大小、颜色、方向、起始编号

　　B. 大小、宽度、高度、起始编号、方向

　　C. 大小、页眉页脚、方向、起始编号

　　D. 宽度、高度、打印范围、介质类型、方向

15. 在 PowerPoint 2010 中设置动画效果时，有（　　）两种不同的动画设置。

　　A. 有声音和无声音　　　　　　　　　　B. 活动幻灯片和静止幻灯片

　　C. 幻灯片内和幻灯片间　　　　　　　　D. 文字效果和图片效果

16. 在 PowerPoint 2010 中，通过"设置背景格式"对话框可对演示文稿进行背景和颜色的设置，打开"设置背景格式"对话框的正确方法是（　　）。

　　A. 单击"开始"选项卡"背景样式"中的"设置背景格式"按钮

　　B. 单击"设计"选项卡"背景样式"中的"设置背景格式"按钮

　　C. 单击"插入"选项卡"背景样式"中的"设置背景格式"按钮

　　D. 单击"切换"选项卡"背景样式"中的"设置背景格式"按钮

17. 在"幻灯片浏览"视图下，用户可方便地对幻灯片进行选择幻灯片、删除幻灯片、复制幻灯片和（　　）4 种操作。

　　A. 隐藏幻灯片　　　B. 移动幻灯片　　　　C. 折叠幻灯片　　　　D. 展开幻灯片

18. 在 PowerPoint 2010 中，创建表格之前首先需要执行下述（　　）操作。

    A. 重新启动计算机

    B. 关闭其他应用程序

    C. 打开一个演示文稿，并切换到要插入图片的幻灯片中

    D. 以上操作都不正确

19. 在 PowerPoint 2010 中，关于幻灯片的删除，以下叙述正确的是（　　　）。

    A. 可以在各种视图中删除幻灯片，包括在幻灯片放映视图中

    B. 只能在幻灯片浏览视图和幻灯片视图中删除幻灯片

    C. 可以在各种视图中删除幻灯片，但不能在幻灯片放映视图中删除

    D. 在幻灯片视图中不能删除幻灯片

20. 在 PowerPoint 2010 中，关于幻灯片格式化的正确叙述是（　　　）。

    A. 幻灯片格式化是指文字格式化和段落格式化

    B. 幻灯片格式化是指文字、段落及对象的格式化和对象格式的复制

    C. 幻灯片的对象格式化和对象格式的复制，不属于幻灯片格式化

    D. 幻灯片的文字格式化，不属于幻灯片格式化

21. 在 PowerPoint 2010 中，不能设置动画效果的操作是（　　　）。

    A. 单击"动画"选项卡中的"添加动画"按钮

    B. 单击"动画"选项卡中的"动画窗格"按钮

    C. 单击"插入"选项卡中的"动作"按钮

    D. 单击"切换"选项卡中的"切换"按钮

22. 在 PowerPoint 2010 中，下面有关在演示文稿中插入超链接的叙述错误的是（　　　）。

    A. 利用插入的超链接，可跳转到其他演示文稿

    B. 单击"幻灯片放映"选项卡中的动作按钮，可创建超链接

    C. 单击"插入"选项卡中的"超链接"按钮，可创建超链接

    D. 单击"插入"选项卡中的"超链接"按钮，不能跳转到某公司的网址

23. 在 PowerPoint 2010 中，用鼠标指针指向当前演示文稿幻灯片中带下画线的文本时，鼠标指针呈手形，单击后，可立即显示 Excel 电子表格，这是（　　　）效果。

    A. 设置幻灯片切换　　　　　　　　B. 超链接

    C. 设置动画　　　　　　　　　　　D. 系统默认

24. 在 PowerPoint 2010 中，建立超链接时，不能作为链接目标的是（　　　）。

    A. 文档中的某一位置

    B. 本地计算机中的某一文件

    C. 局域网中其他主机中共享文件的某一位置

    D. Internet 上某一网页

25. PowerPoint 2010 的"设计"选项卡包含（　　　）。

    A. 页面设置、主题方案和背景样式　　B. 幻灯片版式、主题方案和动画方案

    C. 页面设置、主题方案和动画方案　　D. 幻灯片切换、背景和动画方案

26. PowerPoint 2010 提供了多种（　　　），它包含了相应的配色方案、母版和字体样式等，

可供用户快速生成风格统一的演示文稿。

　　A. 幻灯片版式　　　B. 样本模板　　　　　C. 母版　　　　　　　D. 幻灯片

27. 关于 PowerPoint 2010 的主题配色正确的描述是（　　　　）。

　　A. 主题方案的颜色用户不能更改

　　B. 主题方案只能应用到某张幻灯片

　　C. 主题方案不能删除

　　D. 应用新主题配色方案，不会改变进行了单独设置颜色的幻灯片颜色

28. "动作设置"对话框中的"鼠标移过"表示（　　　　）。

　　A. 所设置的按钮采用单击鼠标执行动作的方式

　　B. 所设置的按钮采用双击鼠标执行动作的方式

　　C. 所设置的按钮采用自动执行动作的方式

　　D. 所设置的按钮采用鼠标移过时执行动作的方式

29. "动画"选项卡的功能是（　　　　）。

　　A. 给幻灯片内的对象添加动画效果　　　　　B. 插入 Flash 动画

　　C. 设置放映方式　　　　　　　　　　　　　D. 设置切换方式

30. 作者名字出现在所有的幻灯片中，应将其加入到（　　　　）中。

　　A. 幻灯片母版　　　B. 标题母版　　　　　C. 备注母版　　　　　D. 讲义母版

31. 在 PowerPoint 2010 中，设置幻灯片放映时的换页效果为垂直百叶窗，应使用幻灯片放映菜单下的（　　　　）选项。

　　A. 动作按钮　　　　B. 幻灯片切换　　　　C. 动画方案　　　　　D. 动作设置

32. 在 PowerPoint 2010 中，下列关于表格的说法，错误的是（　　　　）。

　　A. 可以向表格中插入新行和新列　　　　　B. 不能合并和拆分单元格

　　C. 可以改变行高和列宽　　　　　　　　　D. 可以给表格设置边框

33. 在 PowerPoint 2010 中，设置在"展台浏览（全屏幕）"放映方式后，将导致（　　　　）。

　　A. 不能用鼠标控制，可以用【Esc】键退出

　　B. 自动循环播放，可以看到菜单

　　C. 不能用鼠标键盘控制，无法退出

　　D. 鼠标右击无效，但双击可以退出

34. 不属于演示文稿的放映方式的是（　　　　）。

　　A. 演讲者放映（全屏幕）　　　　　　　　B. 观众自行浏览（窗口）

　　C. 在展台浏览（全屏幕）　　　　　　　　D. 定时浏览（全屏幕）

35. 在 PowerPoint 2010 中，如要终止幻灯片的放映，可直接按（　　　　）键。

　　A.【Ctrl+C】　　　B.【Esc】　　　　　　C.【End】　　　　　　D.【Alt+F4】

36. 要使幻灯片在放映时能自动播放，需要为其设置（　　　　）。

　　A. 超链接　　　　　B. 动作按钮　　　　　C. 排练计时　　　　　D. 录制旁白

理论习题参考答案

2.1 计算机概论

1. D 2. B 3. B 4. A 5. B 6. D 7. C 8. D 9. B
10. A 11. C 12. B 13. B 14. B 15. C 16. C 17. A 18. A
19. B 20. B 21. A 22. D 23. C 24. A 25. A 26. B 27. D
28. D 29. C 30. D 31. D 32. A 33. D 34. B 35. A 36. D
37. B 38. C 39. D 40. D 41. B 42. D 43. B 44. B 45. D
46. B 47. D 48. B 49. D 50. D 51. D 52. B 53. C 54. C
55. C 56. C 57. B 58. D 59. C 60. A 61. B 62. A 63. D
64. C 65. C 66. D 67. C 68. B 69. D 70. B 71. C 72. B
73. A 74. C 75. A 76. B 77. B 78. A 79. B 80. D 81. C
82. M 83. C 84. A 85. A 86. A 87. D 88. C 89. C 90. A
91. B 92. A 93. D 94. D 95. C 96. D 97. D 98. C 99. A

2.2 Windows 7 操作系统

1. D 2. D 3. C 4. B 5. B 6. B 7. B 8. C 9. C
10. C 11. B 12. C 13. D 14. B 15. C 16. B 17. A 18. B
19. B 20. A 21. D 22. C 23. D 24. C 25. B 26. C 27. A
28. D 29. A 30. C 31. B 32. D 33. C 34. A 35. C 36. B
37. C 38. D 39. D 40. A 41. D 42. A 43. A 44. D 45. D
46. B 47. B 48. B 49. B 50. B 51. A 52. C 53. B 54. D
55. A 56. B 57. C 58. C 59. B 60. B 61. A 62. B 63. A
64. D 65. C 66. A 67. B 68. B 69. B 70. C 71. C 72. D
73. A 74. C 75. A 76. A 77. D 78. D 79. D 80. D 81. C
82. D 83. D 84. B 85. B 86. B 87. C 88. D 89. C 90. D
91. C 92. B 93. D 94. A 95. C 96. D 97. A 98. C 99. D
100. D 101. D

2.3 计算机网络基础

1. A 2. D 3. D 4. C 5. C 6. C 7. A 8. C 9. A
10. C 11. D 12. B 13. C 14. B 15. A 16. D 17. B 18. B
19. B 20. D 21. B 22. A 23. C 24. D 25. B 26. A 27. C
28. D 29. B 30. B 31. D 32. D 33. C 34. D 35. B 36. B
37. B 38. D 39. B 40. C 41. D 42. D 43. D 44. C 45. D

46. A 47. B 48. A 49. D 50. A 51. D 52. A 53. A 54. D
55. D 56. D 57. C 58. B 59. A 60. B 61. A 62. B 63. C
64. D 65. A 66. D 67. A 68. C 69. A 70. B 71. C 72. B
73. B 74. C 75. C 76. A 77. B 78. C 79. A 80. A 81. B
82. B 83. B 84. B 85. A 86. D 87. C 88. B 89. A 90. B
91. D 92. A 93. C 94. D 95. C 96. B 97. A 98. B 99. D
100. C 101. D 102. C 103. A 104. B 105. D 106. D 107. A 108. B
109. A 110. B 111. D 112. B 113. B 114. A 115. D 116. D 117. D
118. D 119. A 120. A 121. A 122. C 123. C 124. A 125. D 126. B
127. C 128. B 129. B 130. D

2.4 文字处理 Word 2010

1. A 2. D 3. C 4. A 5. C 6. C 7. B 8. D 9. C
10. C 11. D 12. B 13. D 14. D 15. B 16. C 17. B 18. B
19. D 20. B 21. B 22. D 23. C 24. B 25. C 26. C 27. B
28. D 29. A 30. A 31. B 32. B 33. A 34. D 35. D 36. D
37. D 38. A 39. C 40. A 41. B 42. B 43. A 44. B 45. A
46. B 47. A 48. B 49. C 50. C 51. D 52. D 53. D 54. C
55. A 56. C 57. C 58. B 59. D 60. C 61. C 62. B 63. B
64. C 65. A 66. D 67. A 68. B 69. B 70. D 71. A 72. B
73. C 74. D 75. B 76. D 77. A 78. D 79. A 80. C 81. C
82. D 83. A 84. C 85. B 86. C 87. A 88. B 89. C 90. A
91. C 92. D 93. C

2.5 电子表格 Excel 2010

1. D 2. C 3. C 4. B 5. C 6. C 7. C 8. C 9. A
10. A 11. C 12. A 13. D 14. B 15. B 16. B 17. D 18. A
19. C 20. A 21. D 22. A 23. A 24. B 25. C 26. A 27. D
28. C 29. C 30. B 31. A 32. D 33. C 34. D 35. A 36. A
37. A 38. C 39. B 40. B 41. D 42. D 43. C 44. B 45. C
46. B 47. A 48. C 49. A 50. C 51. A 52. A 53. B 54. B
55. C 56. B 57. C 58. D 59. D 60. D 61. B 62. B 63. B
64. D 65. A 66. B 67. A 68. A 69. A 70. B 71. C 72. D
73. C 74. C 75. C 76. B 77. B 78. D 79. B 80. A 81. B
82. A 83. A 84. B 85. D 86. C 87. D 88. B 89. B 90. B
91. D 92. B 93. A 94. A 95. A 96. A 97. C 98. A 99. D
100. D 101. C 102. D 103. D 104. A 105. D 106. A 107. C 108. B

109. C　110. A　111. B　112. B　113. B　114. B　115. D

2.6　演示文稿 PowerPoint 2010

1. D	2. D	3. A	4. D	5. C	6. D	7. D	8. A	9. C
10. D	11. D	12. D	13. B	14. B	15. C	16. B	17. B	18. C
19. C	20. B	21. C	22. D	23. B	24. C	25. A	26. B	27. D
28. D	29. A	30. A	31. B	32. B	33. A	34. D	35. B	36. C

第三部分 操作练习题

3.1 基础操作题

3.1.1 Windows 基础操作题

1. Windows 基础操作题 1

（1）在 E 盘新建文件夹"user"，将"C:\实训\基础操作题\Windows\KS1 文件夹"中的所有内容复制到"user"文件夹中。（3分）

（2）将"user"文件夹中大小为 0 字节的文件属性设置为只读。（3分）

（3）将"user"文件夹中的"新建 Word 文档.docx"文件改名为"学院简介.docx"。（3分）

（4）将"user"文件夹中的所有图片压缩至"图片.rar"，保存在当前文件夹中。（3分）

2. Windows 基础操作题 2

（1）在 E 盘新建文件夹"user"，将"C:\实训\基础操作题\Windows\KS2 文件夹"中的所有内容复制到"user"文件夹中。（3分）

（2）在"user"文件夹中，删除所有的扩展名为.xlsx 的文件。（3分）

（3）将"user"文件夹中的"pp1.jpg"文件改名为"荷花.jpg"。（3分）

（4）在"user"文件夹中将所有的扩展名为.docx 文件压缩至"文档.rar"，保存在当前文件夹中。（3分）

3. Windows 基础操作题 3

（1）在 E 盘新建一个文件夹"text"，并将"C:\实训\基础操作题\Windows\KS3 文件夹"中的所有文件复制到"text"文件夹中。（3分）

（2）在文件夹"text"中，建立一个文件夹"cp1"，将"text"文件夹中扩展名为.docx、.pptx、.xlsx 的文件移动到文件夹"cp1"中。（3分）

（3）把"text"文件夹中所有的.txt 文件添加到压缩文件"tx1.rar"，保存在同一文件夹中。（3分）

（4）将"text"中的文件"tx.txt"重命名为"ntx.txt"，并将属性设置为"只读"。（3分）

4. Windows 基础操作题 4

（1）在 E 盘新建一个文件夹"zy"，并将"C:\实训\基础操作题\Windows\KS4 文件夹"中的所有文件复制到"zy"文件夹中。（3分）

（2）将文件夹"cp2"中扩展名为.docx、.pptx、.xlsx 的文件复制到文件夹"zy"中。（3分）

（3）把"zy"文件夹中所有.txt 文件压缩至文件"tx2.rar"，保存在同一文件夹中。（3分）

（4）将"zy"中的文件"wj6.txt"重命名为"new2.txt"；并设属性为"隐藏"。（3分）

5．Windows 基础操作题 5

（1）在 E 盘在新建一个文件夹"text"，并将"C:\实训\基础操作题\Windows\KS5 文件夹"文件夹中的所有文件复制到"text"文件夹中。（3分）

（2）在文件夹"text"中，建立一个文件夹"cp3"，将"text"文件夹中扩展名为.docx、.pptx、.xlsx 的文件移动到文件夹"cp3"中。（3分）

（3）将"text"文件夹中的"dd3.rar"文件解压到当前文件夹中。（3分）

（4）将"text"中的"ab.txt"文件重命名为"new3.txt"，并删除文件大小为 0 字节的文件。（3分）

3.1.2　Word 基础操作题

1．Word 基础操作题 1

打开"C:\实训\基础操作题\Word 文件夹"中的"区块链.docx"，完成下列操作：

（1）文章页面设置为：纸张大小 A4，左、右页边距 2.5 cm。（4分）

（2）文章标题"区块链"设置居中，字体为三号、楷体、红色字。（4分）

（3）设置正文各段首行缩进 2 字符，行间距为固定值 20 磅。（4分）

（4）在正文第三段插入图片"QKL.jpg"，设置大小为原来的 50%，"四周型环绕"，如图 3-1 所示。（6分）

（5）保存并退出。

　一般说来，区块链系统由数据层、网络层、共识层、激励层、合约层和应用层组成。其中，数据层封装了底层数据区块以及相关的数据加密和时间戳等基础数据和基本算法；网络层则包括分布式组网机制、数据传播机制和数据结点的各类共识算法；激励层将经济因素集成到区块链技术体系中来，主要包括经济激励的发行机制和分配机制等；合约层主要封装各类脚本、算法和智能合约，是区块链可编程特性的基础；应用层则封装了区块链的各种应用场景和案例。该模型中，基于时间戳的链式区块结构、分布式结点的共识机制、基于共识算力的经济激励和灵活可编程的智能合约是区块链技术最具代表性的创新点。

图 3-1　插入图片

2．Word 基础操作题 2

打开"C:\实训\基础操作题\Word 文件夹"中的"人工智能.docx"，完成下列操作：

（1）文章页面设置为：纸张大小 16 开，左、右页边距 2 厘米。（4分）

（2）文章标题"人工智能"设置居中，字体为小二号、黑体、加粗。（4分）

（3）设置正文各段首行缩进 2 个字符，行间距为固定值 22 磅。（4分）

（4）对文章末尾的表格做如下设置：删除最后一列，设置所有单元格中部居中，给表格设

置蓝色边框，给第一行添加黄色底纹，如图 3-2 所示。（6 分）

（5）保存并退出。

人工智能简介	
英文缩写	AI
本质	智能机器

图 3-2 设置表格

3．Word 基础操作题 3

打开"C:\实训\基础操作题\Word 文件夹"中的"大数据.docx"，完成下列操作：

（1）文章页面设置为：纸张大小 16 开，左、右页边距 3 cm。（4 分）

（2）文章标题"大数据"设置居中，字体为二号、隶书、绿色。（4 分）

（3）设置正文各段首行缩进 2 字符，行间距为最小值 25 磅。（4 分）

（4）把文章第二段分成偏左两栏，加分隔线。（3 分）

（5）给文章加页眉"计算机"，左对齐。（3 分）

（6）保存并退出。

4．Word 基础操作题 4

打开"C:\实训\基础操作题\Word 文件夹"中的"冬至.docx"，完成下列操作：

（1）文章页面设置为：纸张大小 16 开，左、右页边距 2 cm。（4 分）

（2）文章标题"冬至趣谈"设置居中、小二号、红色、黑体。（4 分）

（3）设置正文各段首行缩进 2 字符，固定值 20 磅。（4 分）

（4）将文章中的表格做如下设置：在最上方插入一个新行，合并单元格，添加行标题"冬至"，调整行高为 0.8 厘米，如图 3-3 所示。（6 分）

（5）保存并退出。

冬至	
简介	
风俗	

图 3-3 设置表格

5．Word 基础操作题 5

打开"C:\实训\基础操作题\Word 文件夹"中的"港珠澳大桥.docx"，完成下列操作：

（1）文章页面设置为：纸张大小 A4，上、下页边距 2 cm。（4 分）

（2）文章标题"港珠澳大桥"设置华文行楷、三号、加粗、居中。（4 分）

（3）设置正文各段首行缩进 2 字符，行间距为最小值 18 磅。（4 分）

（4）在正文第二段插入图片"DQ.jpg"，"紧密型环绕"，图片样式设为"简单框架，黑色"，如图 3-4 所示。（6 分）

（5）保存并退出。

　　港珠澳大桥分别由三座通航桥、一条海底隧道、四座人工岛及连接桥隧、深浅水区非通航孔连续梁式桥和成。其中，三座通航道桥、江海直达船航隧道位于香港大屿通过东西人工岛连通航孔连续梁式桥珠海水域之中；三地引桥附近；通过连接线接驳周边主要公路。港珠澳三地陆路联络线组桥从东向西依次为青州航道桥和九洲航道桥；海底山岛与青州航道桥之间，接其他桥段；深浅水区非分别位于近香港水域与近口岸及其人工岛位于两端

图 3-4　插入图片

3.1.3　Excel 基础操作题

1. Excel 基础操作题 1

　　打开"C:\实训\基础操作题\Excel 文件夹"中的"E1.xlsx"，完成以下操作：

　　（1）将"汇总表"中的 D 列自动调整列宽，并将操作成绩不及格（低于 60）的分数以标准红色、加粗倾斜的效果突出显示。（3 分）

　　（2）在"汇总表"相应单元格中计算出各位学生的期评成绩（期评 = 平时成绩*20% + 理论成绩*30% + 操作成绩*50%，结果四舍五入取整）及最高操作成绩。（5 分）

　　（3）将"基本表"中的学生记录按平时成绩从高到低排序。（3 分）

　　（4）利用"护理系成绩表"中的数据制作图 3-5 所示的簇状条形图，并嵌入本工作表中。（4 分）

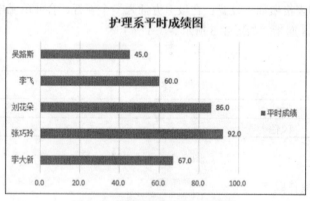

图 3-5　制作护理系平时成绩图

　　（5）保存并退出。

2. Excel 基础操作题 2

　　打开"C:\实训\基础操作题\Excel 文件夹"中的"E2.xlsx"，完成以下操作：

　　（1）给"汇总表"中 A2：G2 单元格设置标准色浅绿色的背景色；将"汇总表"中奖金数高于 1500（包括 1500）的数据以标准色红色、加粗倾斜的效果突出显示。（3 分）

　　（2）在"汇总表"相应单元格中计算出各人的应发工资（应发工资 = 基本工资 + 奖金 − 扣

款，结果保留两位小数）及扣款总额。（5分）

（3）在"基本表"中挑出基本工资高于2000的外科职工的记录。（4分）

（4）利用"外科工资表"中的数据制作图3-6所示的簇状柱形图，并嵌入本工作表中。（3分）

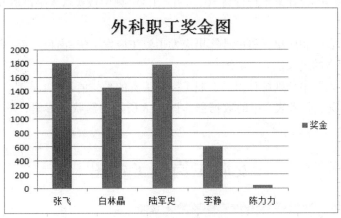

图3-6 制作外科职工奖金图

（5）保存并退出。

3. Excel 基础操作题 3

打开"C:\实训\基础操作题\Excel 文件夹"中的"E3.xlsx"，完成以下操作：

（1）在"汇总表"中合并A1:H1，将标题内容垂直、水平居中；将Sheet1工作表改名为"基本表"。（2分）

（2）在"汇总表"相应单元格中计算出各个职工的实发工资（实发工资=基本工资+浮动工资+生活补贴-扣款）及所有职工的生活补贴、扣款的平均值（平均值结果四舍五入取整）。（5分）

（3）在"基本表"中挑出国资办职工基本工资高于2100的记录。（4分）

（4）利用"财务科工资表"中的数据制作图3-7所示的簇状柱形图，并嵌入本工作表中。（4分）

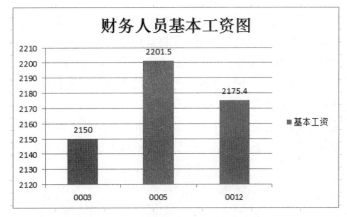

图3-7 制作财务人员基本工资图

（5）保存并退出。

4. Excel 基础操作题 4

打开"C:\实训\基础操作题\Excel 文件夹"中的"E4.xlsx"，完成以下操作：

（1）在"汇总表"中设置第 1 行行高 50，并在"工号"列中依次输入字段值 001、002、003……015。（3 分）

（2）在"汇总表"相应单元格中计算出应发工资（应发工资=岗位工资+薪级工资−公积金）及岗位工资、公积金的最大值。（4 分）

（3）在"基本表"中分别统计出男女职工岗位工资的平均值。（4 分）

（4）利用"女职工收入表"中的数据制作图 3−8 所示的簇状条形图，并嵌入本工作表中。（4 分）

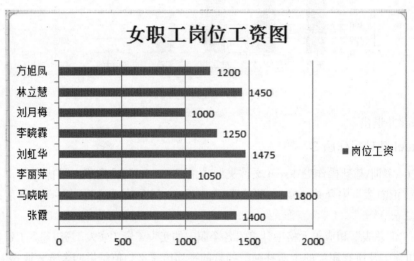

图 3−8　制作女职工岗位工资图

（5）保存并退出。

5. Excel 基础操作题 5

打开"C:\实训\基础操作题\Excel 文件夹"中的"E5.xlsx"，完成以下操作：

（1）设置"汇总表"中第一行行高为 40，并将 A1:H1 合并单元格，输入标题"药品销售统计表"，20 号字，水平、垂直均居中。（3 分）

（2）在"汇总表"相应单元格中计算各个药品的销售额（销售额 =(售价 − 进价)*销售数）及全部药品的平均售价、总销售数。（4 分）

（3）在"基本表"中用分别统计出各季度药品进价及售价的平均值。（4 分）

（4）利用"一季度销售表"中的数据制作图 3−9 所示的饼图，并嵌入本工作表中。（4 分）

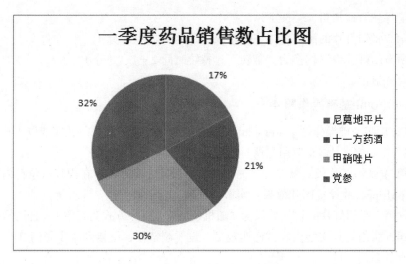

图 3-9　制作一季度药品销售数占比图

（5）存盘并退出。

3.1.4　PowerPoint 基础操作题

1. PowerPoint 基础操作题 1

打开"C:\实训\基础操作题\powerpoint 文件夹"中的"桂花.pptx"，完成以下操作：

（1）选择主题"华丽"，应用到所有幻灯片上。（3分）

（2）在第 4 张幻灯片后新建一张新的幻灯片，选定其版式为"标题和内容"（3分），在标题栏中输入"银桂"，设置字体为微软雅黑。（3分）

（3）为第 2 张幻灯片目录内容设置轮子进入动画，效果为 4 轮辐图案。（3分）

（4）为第 3 张幻灯片设置切换效果为"随机线条"，持续时间 02.00 s。（3分）

（5）保存并退出。

2. PowerPoint 基础操作题 2

打"C:\实训\基础操作题\powerpoint 文件夹"中的"月季.pptx"，完成以下操作：

（1）选择主题"新闻纸"，应用到所有幻灯片上。（3分）

（2）在第 1 张幻灯片前插入一张新幻灯片，设置版式为"标题幻灯片"（3分）；在标题栏输入"月月常开"；在副标题栏输入"月季"，字体设置为黑体。（3分）

（3）为第 5 张幻灯片设置切换为"库"，换片方式自动 3 秒。（3分）

（4）在第 7 张幻灯片插入"月季.jpg"图片，并链接到第 1 张幻灯片。（3分）

（5）保存并退出。

3. PowerPoint 基础操作题 3

打开"C:\实训\基础操作题\powerpoint 文件夹"中的"索尼产品推荐.pptx"，完成以下操作：

（1）选择主题"技巧"，应用到所有幻灯片上。（3分）

（2）在第 1 张幻灯片后新建一张新幻灯片，设置版式为"仅标题"版式（3分）；在标题

栏输入"功能导航"，加粗。（3分）

（3）给第3张幻灯片的图片添加飞入效果，延迟2 s。（3分）

（4）为所有幻灯片设置切换为"翻转"，持续时间2 s。（3分）

（5）保存并退出。

4．PowerPoint 基础操作题 4

打开"C:\实训\基础操作题\powerpoint 文件夹"中的"荷花.pptx"，完成以下操作：

（1）选择"气流"主题，应用到所有幻灯片上。（3分）

（2）将第4张幻灯片版式修改为"两栏内容"版式（3分）；在内容占位符内插入考生目录中的图片pp1.jpg，并设置图片效果：阴影、外部、右下斜偏移。（3分）

（3）设置第3张幻灯片的切换效果为"随机线条"，换片方式为每隔6 s自动播放。（3分）

（4）对第5张幻灯片文字内容"谢谢观赏"设置超链接，链接到第1张幻灯片。（3分）

（5）保存并退出。

5．PowerPoint 基础操作题 5

打开"C:\实训\基础操作题\powerpoint 文件夹"中的"水仙.pptx"，完成以下操作：

（1）将设计主题"波形"应用到所有幻灯片上。（3分）

（2）更改第3张幻灯片的版式为"比较"（3分）；复制考生目录下的ppt2.txt文件中的文本到右边文本占位符内，字体设置为微软雅黑。（3分）

（3）设置第5张幻灯片的切换效果为"自左侧推进"，换片方式为每隔4 s自动播放。（3分）

（4）设置第2张幻灯片目录内容设置"缩放"的进入动画效果，并设置持续时间01.50 s。（3分）

（5）保存并退出。

3.2　操作考试样题

闭卷考试　　　考试时间：90 min

注意：

（1）试题中"T□"是考生考试文件夹，"□"用考生自己完整的学号代替。

（2）答题时应先做好模块一，才能做其余模块。

模块一　文件操作（12分）

（1）在E:\下新建一个文件夹T□，并将"C:\实训\操作考试样题\KS1 文件夹"中的所有内容复制到T□文件夹中。（3分）

（2）将"T□"文件夹中大小为0字节的文件全部删除。（3分）

（3）将"T□"文件夹中的"新建 Word 文档.docx"文件改名为"学院简介.docx"。（3分）

（4）将"T□"文件夹中的所有图片压缩至"图片.rar"，保存在当前文件夹中。（3分）

模块二　WORD 操作（18 分）

打开"T□\HLX"文件夹中的 Word 文档"人工智能.docx"，完成下列操作：

（1）文章页面设置为：纸张大小 16 开，左右页边距 2 cm。（4 分）

（2）文章标题"人工智能"设置居中，字体大小为小二号、黑体。（4 分）

（3）设置文章正文各段首行缩进两个字符，行间距为固定值 20 磅。（4 分）

（4）在文章任意一段中间插入图片"AI.jpg"，并设置为四周环绕型。（6 分）

（5）保存并退出。

模块三　PPT 操作（15 分）

打开"T□\HLX"文件夹中的演示文稿"水仙.pptx"，完成以下操作：

（1）任选一个主题，应用到所有幻灯片上。（3 分）

（2）更改第 3 张幻灯片的版式为"比较"，复制 T□\ppt2.txt 文件中的文本到右边文本占位符内。（4 分）

（3）设置所有幻灯片的切换效果为"自左侧推进"，换片方式为每隔 4 s 自动播放。（4 分）

（4）设置第 2 张幻灯片目录内容设置"缩放"的进入动画效果，并要求自上一动画之后开始。（4 分）

（5）保存并退出。

模块四　Excel 操作（15 分）

打开"T□\HLX"文件夹中的 Excel 文件 E1.xlsx，完成以下操作：

（1）在"收入信息表"中，在列标题的上方插入一行，合并 A1:H1，输入"职工工资表"，并居中。（3 分）

（2）在"收入信息表"中计算实发工资及基本工资、浮动工资和生活补贴的平均值，其中实发工资=基本工资+浮动工资+生活补贴-扣款，平均值结果保留两位小数。（8 分）

（3）在"统计表"中挑出"基本工资"在 2100～2300（包含 2100 和 2300）之间的记录。（4 分）

（4）保存并退出。

模块五　应用题（40 分）

1. Word 应用题（14 分）

（1）某校拟举办第 40 届校运会。打开"T□\HLX"文件夹中的文档"校运会通知.docx"，对通知内容进行合理的排版，以期能印刷发放到各班级。（8 分）

（2）本次校运会的赛程要求以表格的形式呈现，附到通知内容之后。（6 分）

> 本次校运会的赛程如下：
>
> 田赛：5 月 3 日上午，项目：男子跳高；5 月 4 日上午，项目：女子跳高。径赛：5 月 3 日下午，项目：女子 100 米；5 月 4 日下午，项目：男子 100 米。

（3）保存并退出。

2．PowerPoint 应用题（13分）

背景：文小雨三年学满，为就业做准备，为了更形象生动的呈现她的简历，请通过阅读她的材料，制作关于文小雨个人简历的演示文稿。

文小雨材料如下：

主题：个人简历（制作者：×××）

一、个人基础信息

  ……

二、教育背景

  ……

三、实践经历

  ……

四、荣誉证书

  ……

五、自我评价

  本人职业态度良好，具有较强的亲和力，人际关系良好，经过一年的实践，使我在技术方面有了丰硕的收获，使我变得更加成熟稳健，专业功底更加扎实。对医护行业认识深刻，能很快地适应各科室的工作流程，善于学习，不怕吃苦，热情大方，能够时刻微笑面对病患。

谢谢聆听！

打开"T□\HLX"文件夹中的"个人简历.pptx"文件，进行如下编辑：

（1）根据材料内容在第2张幻灯片制作简历目录。（4分，可用 SmartArt 制作）

（2）对第7张幻灯片的自我评价内容进行合理的格式化设置。（4分）

（3）给第1张幻灯片添加副标题，内容为自己的姓名（2分），并对该幻灯片添加背景图片，图片文件为"T□\HLX"文件夹中的"背景.jpg"。要求：标题文字清晰可见（3分），"T□\HLX"文件夹中附有"标题参考图1.jpg"和"标题参考图2.jpg"可作为参考。

（4）保存并退出。

3．Excel 应用题（13分）

背景：某单位要对职工的收入情况进行分析统计，让所需要的结果更直观清晰地显示。

打开"T□\HLX"文件夹中的 Excel 文件"E 应用.xlsx"，进行数据统计：

（1）利用"扣款表"中的数据，在该表中以图表形式，显示各员工扣款的高低。（6分）

（2）将"数据表"重命名为"基本工资比较表"，处理表中的数据，清楚显示各个部门的平均基本工资，并能看出哪个部门最高。（7分）

（3）保存并退出。